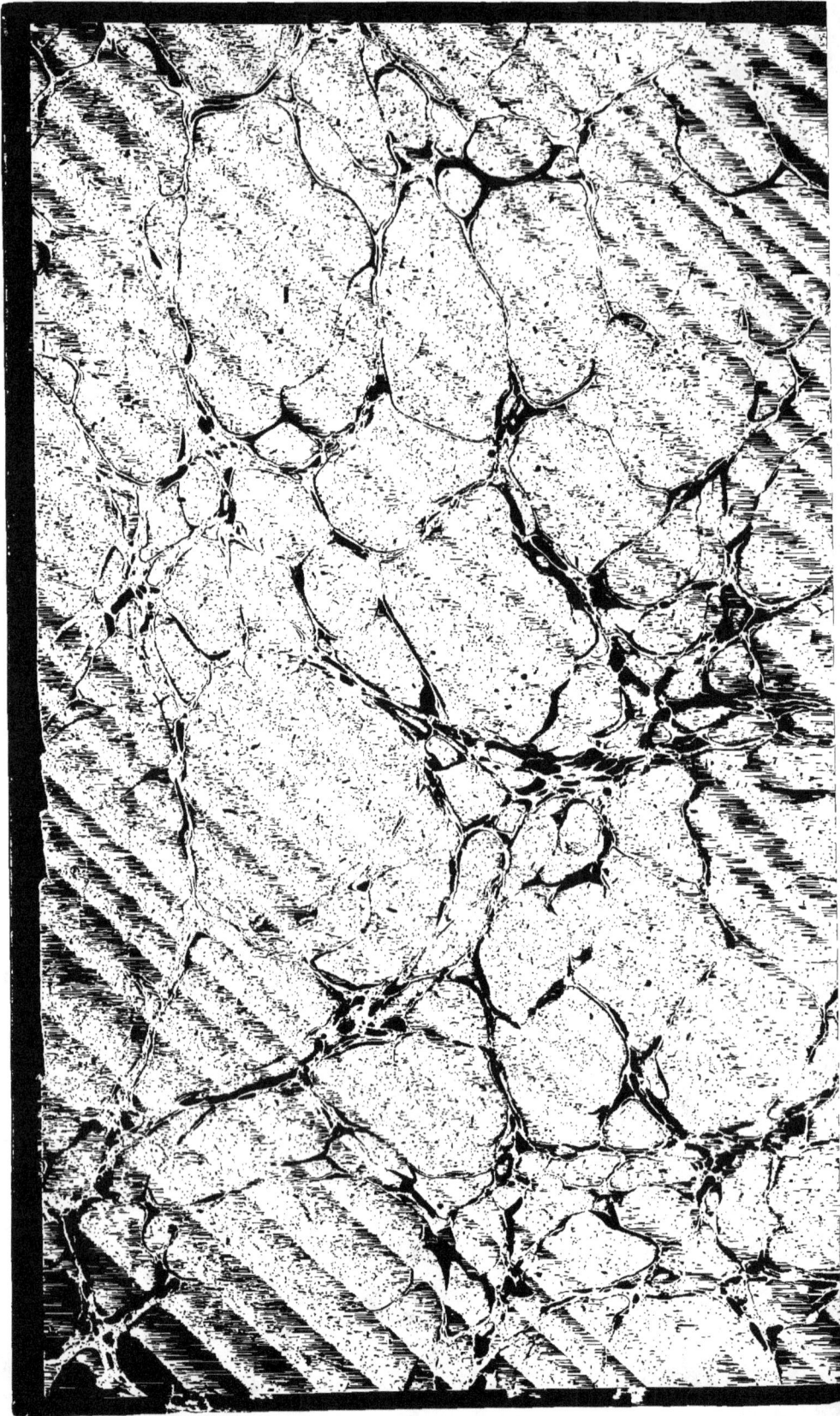

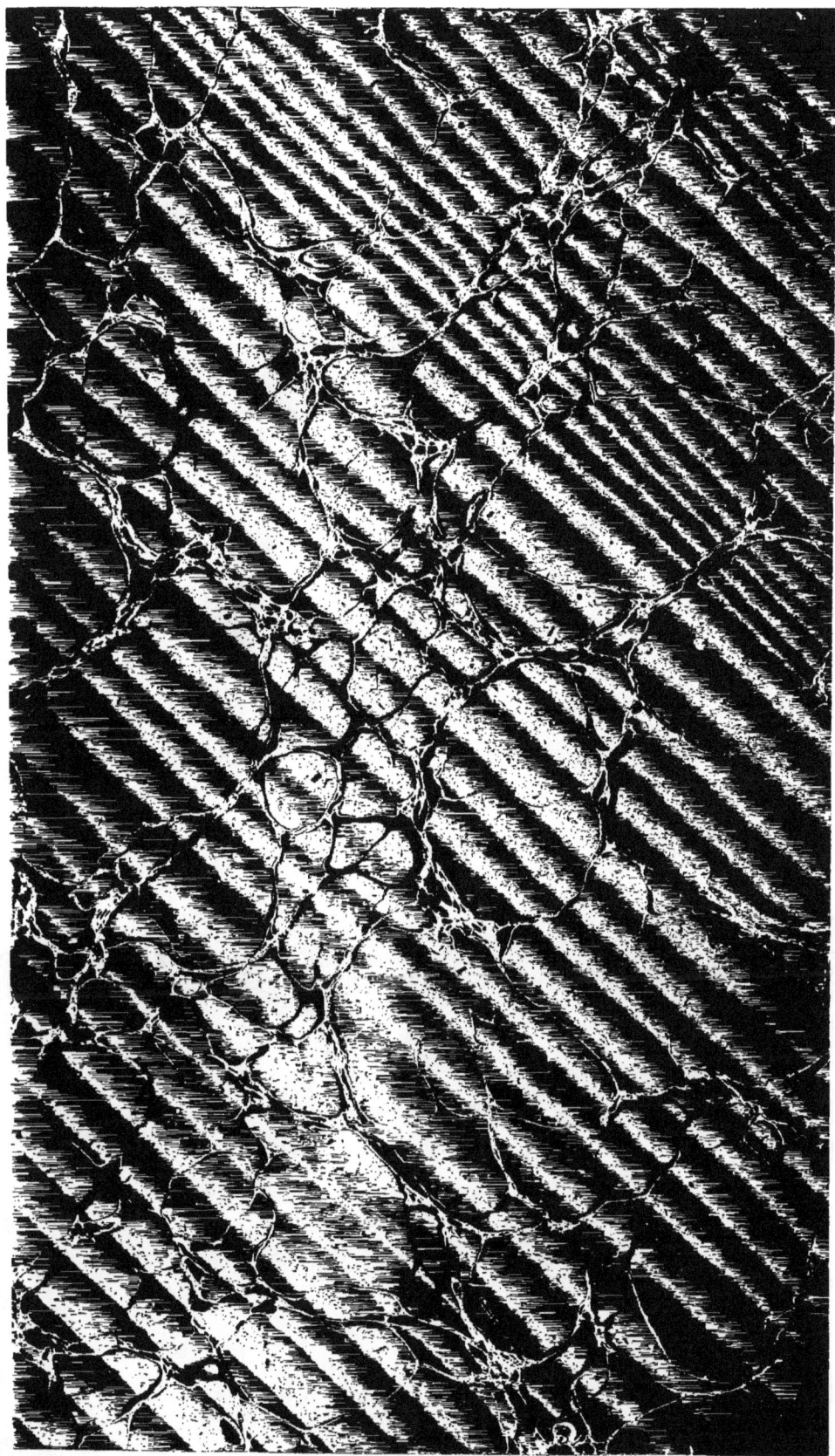

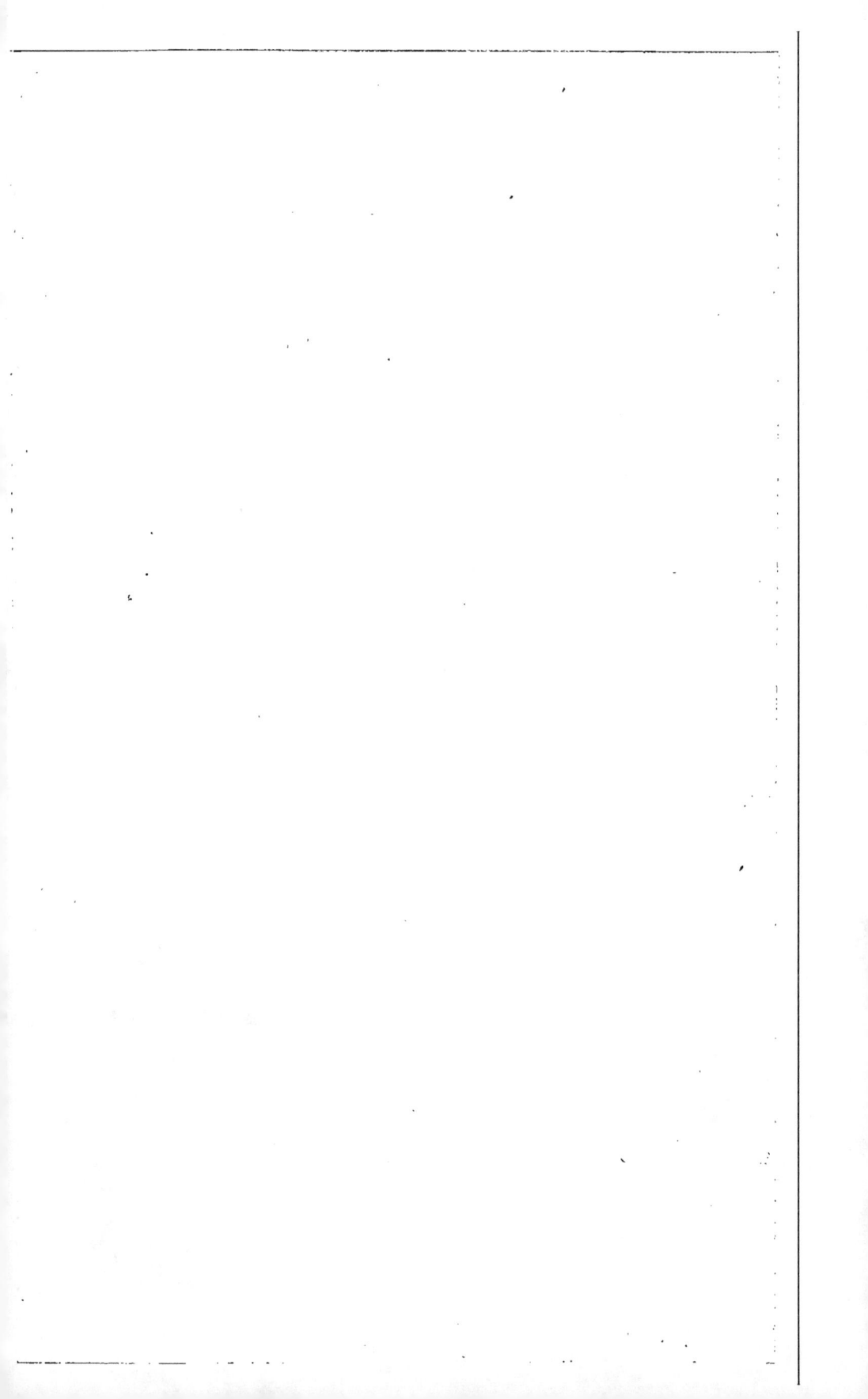

21/640

# MÉMOIRE

SUR

# LE DRESSAGE ET LA CONDUITE

## DU CHEVAL DE GUERRE.

PARIS. — IMPRIMERIE DE COSSE ET J. DUMAINE,

Rue Christine, 2.

# ÉQUITATION MILITAIRE.

## MÉMOIRE

analytique, critique et pratique

SUR LE

# DRESSAGE ET LA CONDUITE

DU

## CHEVAL DE GUERRE,

contenant

UNE THÉORIE NOUVELLE DE L'ÉQUILIBRE HIPPIQUE,
UN EXAMEN CRITIQUE DU DRESSAGE RÉGLEMENTAIRE,
UN APERÇU D'UN SYSTÈME DE DRESSAGE BASÉ SUR LA MÉCANIQUE ANIMALE,
DES CONSIDÉRATIONS SUR LES DÉFENSES DU CHEVAL,
SUR LE RAMENER,
SUR LES ASSOUPLISSEMENTS AU MOYEN DE LA CRAVACHE, ETC.;

SUIVI D'UN

## SUPPLÉMENT A LA PROGRESSION

PUBLIÉE EN 1859;

### Par A. GERHARDT,

CAPITAINE COMMANDANT AUX LANCIERS DE LA GARDE IMPÉRIALE,
AUTEUR DU *Manuel d'Equitation.*

« Que m'importe que le préjugé crie,
quand j'ai pour moi la raison !... »

## PARIS,

LIBRAIRIE MILITAIRE,

J. DUMAINE, LIBRAIRE-ÉDITEUR DE L'EMPEREUR,

30, RUE ET PASSAGE DAUPHINE, 30

1862

1861

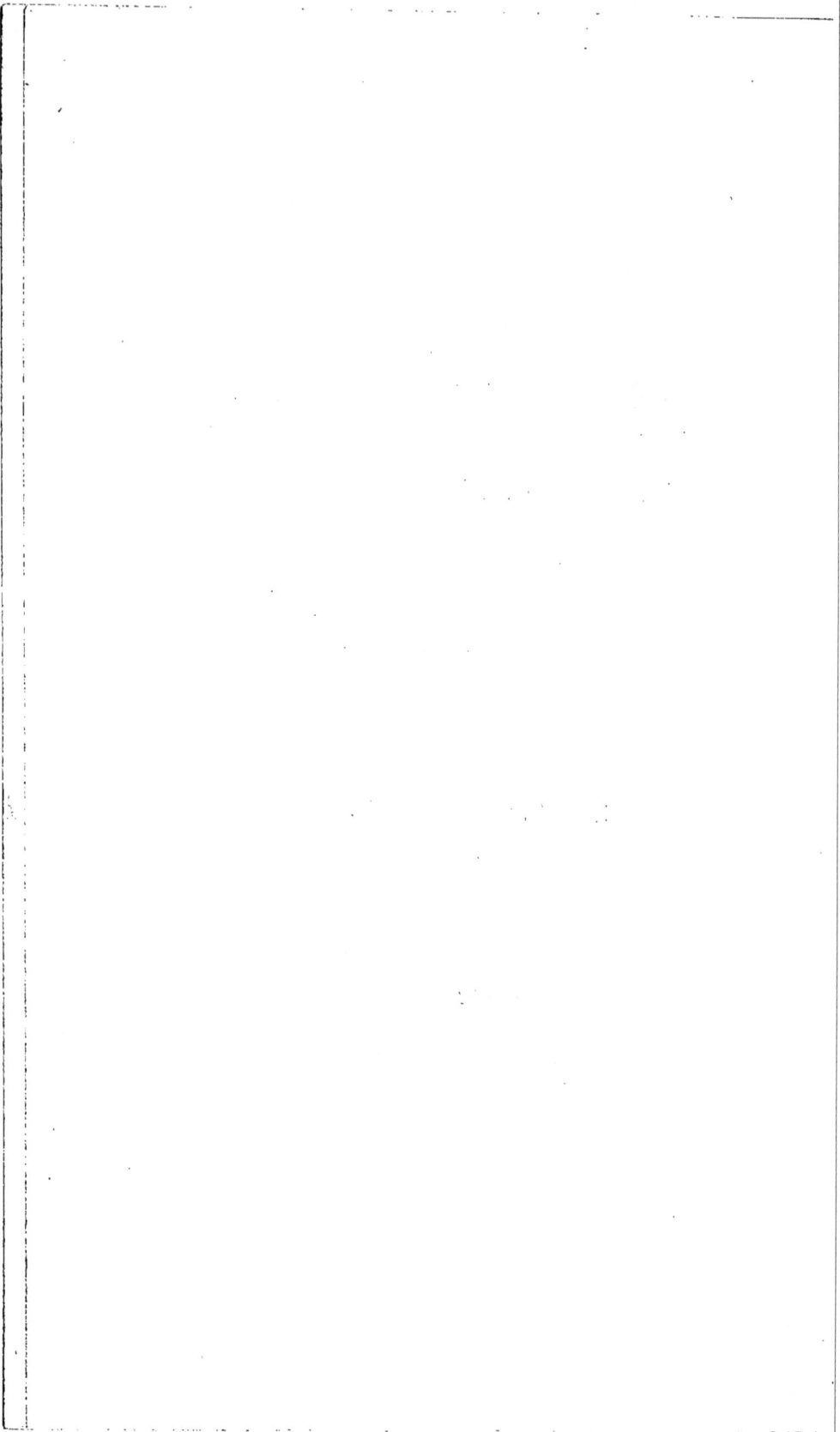

# AVANT-PROPOS.

———◦———

Il existe une trop grande solidarité entre l'instruction du cavalier militaire et celle de son cheval, pour qu'on puisse songer à perfectionner l'une sans apporter également de sérieuses modifications à l'autre.

Grâce à une haute et intelligente initiative, la cavalerie est entrée aujourd'hui dans une voie de perfectionnement et de progrès où elle ne tardera pas à rejoindre et à dépasser, peut-être, nos deux armes par excellence, l'infanterie et l'artillerie, qui l'y avaient précédée.

Toutefois, le problème si important et si controversé du dressage du cheval de troupe n'a pas encore reçu sa solution.

Nous n'avons pas la prétention téméraire de trancher sans appel une question aussi délicate ; mais nous allons essayer d'indiquer ce que, selon nous, il y aurait à faire pour la résoudre, et nous exposerons dans cet opuscule le fruit de nos réflexions et de notre expérience longue et consciencieuse des fonctions d'instructeur. Ces fonctions nous ont permis de faire bien des essais, de comparer bien des systèmes, et de nous convaincre que les éléments sont loin de nous manquer aujourd'hui, qu'il ne s'agit plus que de vouloir les mettre en pratique.

Telle méthode, appliquée avec le plus grand succès sur une petite échelle, sous les yeux et la direction de son inventeur, dans un manége civil et même dans une École militaire, pourra néanmoins ne donner que des résultats négatifs, lorsqu'il s'agira de la généraliser.

Pour pouvoir se permettre d'offrir à la cavalerie un système de dressage vraiment pratique et à la portée de tous, il faut, avant tout, connaître à fond les véritables ressources, souvent si exiguës, de nos régiments, et celles-là demandent à être étudiées *de près*. Sous ce rapport, nous croyons avoir un avantage incontestable sur beaucoup d'auteurs, devant le mérite personnel desquels nous nous inclinons volontiers, mais qui n'ont pu pratiquer que loin des régiments et toujours dans des conditions exceptionnellement favorables, comme instructeurs, comme cavaliers, comme chevaux, comme locaux, comme exigences du service courant, etc., etc.

Le Mémoire que nous offrons aux méditations de tous les hommes compétents en matière d'instruction de la cavalerie, n'est qu'un résumé succinct de nos doctrines d'équitation opposées aux anciens errements.

L'ordonnance de 1829, quelque parfaite qu'elle puisse sembler à beaucoup d'officiers, n'en est pas moins soumise à la loi d'imperfection qui caractérise tout ce qui est sorti de la tête et de la main des hommes : tôt ou tard elle subira des modifications.

L'équitation, comme tous les arts et toutes les sciences, a fait des progrès notables, dont les règlements militaires, pour se maintenir à la hauteur de leur mission, devront nécessairement s'emparer. Mais l'équitation n'est plus seulement un art : elle est devenue de plus une science qui a des règles parfaitement définies. Si l'on venait donc à modifier le règlement tactique de la cavalerie dans sa partie traitant d'équitation proprement dite et surtout dans celle qui s'occupe du dressage du cheval de troupe, il ne suffirait plus de *changer les moyens* : il faudrait encore que chaque modification fût indiquée et justifiée par les principes, bien reconnus aujourd'hui, de la physiologie et de la mécanique animale. C'est pour répondre nous-même à ces conditions si essentielles que, depuis longtemps, nous avons quitté les chemins battus, et que nous faisons toujours *précéder* nos recommandations pratiques de l'exposé des principes sur lesquels nous les appuyons.

Dans l'*Introduction* du Mémoire que nous publions aujourd'hui, nous résumons donc tout d'abord les principes généraux et fondamentaux d'équitation, en les coordonnant entre eux et en les rapportant tous à une base invariable : l'*équilibre naturel du cheval*, pour lequel nous établissons une théorie nouvelle.

Une fois les principes posés et discutés, nous nous occupons du *dressage du cheval de troupe* : c'est le sujet de la Iʳᵉ *Partie*. Là, nous commençons par un examen du dressage réglementaire. Nous remontons à son origine, pour démontrer que, depuis près d'un siècle, il n'a subi que des modifications tout à fait insignifiantes, partant qu'il ne saurait être à la hauteur des progrès de l'équitation. Nous soumettons ensuite cette méthode classique à une analyse succincte, pour en faire ressortir les principales imperfections, et nous terminons la I<sup>re</sup> *Partie* par un aperçu d'une progression de dressage basée sur la mécanique animale, progression en parfaite harmonie avec les ressources qu'offrent tous les régiments de cavalerie, et qui réduit, *sans inconvénient, à deux mois* (au lieu de six ou huit) le temps à consacrer à l'instruction des chevaux de remonte[1].

Dans la II<sup>e</sup> *Partie,* nous traitons sommairement quelques sujets controversés par les écuyers, en nous appuyant parfois sur l'opinion des auteurs les plus compétents.

Enfin, nous complétons notre Mémoire par un supplément au *Manuel d'équitation,* où nous résumons les perfectionnements que l'expérience nous a permis d'apporter au système de dressage exposé dans notre premier *Essai,* publié en 1859.

Telles sont, en somme, les matières traitées dans cet opuscule, que nous recommandons à l'attention de tous les hommes qui s'intéressent

---

[1] M. *de Bohan,* dans son *Examen critique du militaire français* ( t. III, p. 133 ) , estime qu'il faut DIX-HUIT MOIS pour dresser un jeune cheval de troupe suivant ses principes (adoptés depuis par l'ordonnance de cavalerie), si l'on ne veut s'exposer à « forcer la nature !... »

sérieusement à l'avenir de la cavalerie et principalement à ceux qui ont fait de l'équitation et du
dressage du cheval une étude spéciale et approfondie.

# TABLE DES MATIÈRES.

FIN DE LA TABLE.

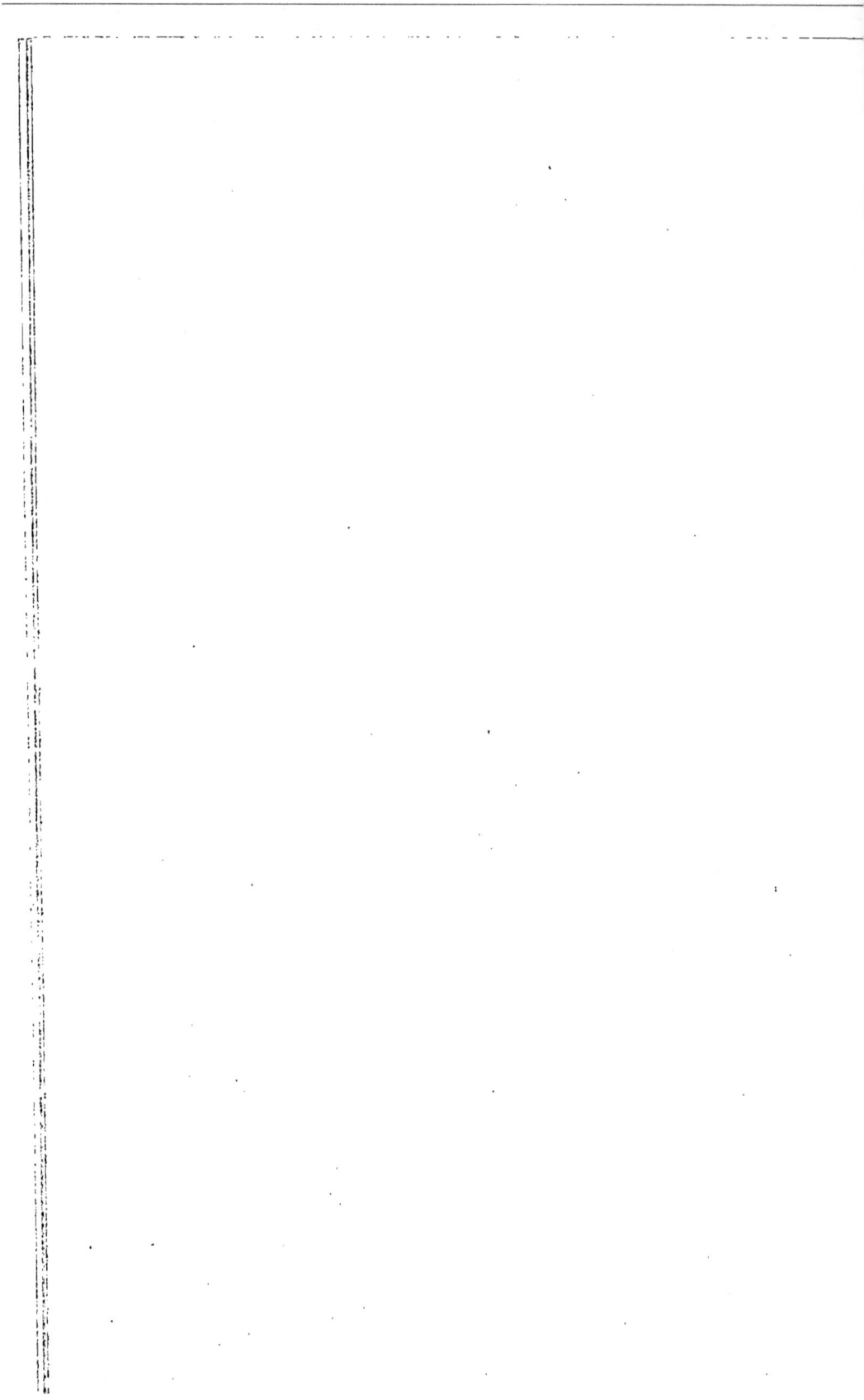

# INTRODUCTION.

## MONOGRAPHIE DE L'ACTION ÉQUESTRE

### BASÉE SUR L'ÉQUILIBRE NATUREL DU CHEVAL.

> « On ne peut nier que les monographies
> « n'aient rendu et ne soient destinées à
> « rendre encore de grands services à la
> « science, tant qu'on ne sacrifiera pas les
> « notions générales à des particularités sou-
> « vent peu importantes. »
> ( *Encyclopédie.* )

### 1° — De l'Équilibre hippique [1].

### I

Dans un Essai sur le dressage du cheval de selle, que nous avons publié il y a deux ans, et qui a été accueilli avec plus de faveur que nous n'osions l'es-

---

[1] « L'état de *l'équilibre* est une condition qui doit précéder toutes « les opérations dans une équitation méthodique et pratiquée selon « les règles : c'est une préparation sans laquelle le cheval ne peut « répondre : c'est de ce point qu'on part pour lui demander quelque « chose. Tel est un instrument dont on ne peut tirer une harmonie « juste, si les cordes ne sont pas d'accord. » ( DUPATY DE CLAM , *Essai sur la théorie de l'équitation.*)

— « Il ne faut qu'examiner la conformation du cheval pour re- « connaître que *l'équilibre* est le principe de sa force et la source « de la sûreté de tous ses mouvements. » (MONTFAUCON DE ROGLES, *Traité d'équitation.*)

— « Comment se fait-il que le cheval brut nous semble lourd à

pérer, nous avons donné une analyse succincte des principes de la nouvelle école d'équitation. L'exiguïté de notre cadre ne nous a pas permis de développer suffisamment une idée qui doit, selon nous, contribuer puissamment à simplifier l'application de ces principes au dressage du cheval de guerre : nous voulons parler de notre manière particulière d'envisager l'*équilibre hippique* dans ses rapports avec l'équitation.

Le cheval, pour être entièrement dominé par son cavalier, doit pouvoir être contenu *entre la main et les jambes ;* de plus, pour que cette domination soit toujours facile et que l'obéissance puisse être instantanée, il faut que le dressage ait rendu le cheval aussi *léger* que possible. Les écuyers ont de tous temps compris et mis en pratique ce principe essentiel d'équitation.

« la main et paraît avoir une grande insensibilité dans la bouche ?...
« Pourquoi dit-on : Le cheval n'est pas léger, il n'a pas une bonne
« bouche, alors qu'il n'a jamais eu de mors et que personne ne
« peut, par conséquent, la lui avoir gâtée ?... Comment se fait-il
« que, plus tard, le cheval devient léger et paraît si sensible dans la
« bouche ?... Pourquoi un cheval est-il naturellement plus léger à
« la main qu'un autre ?... Et pourquoi, enfin, quelques chevaux ne
« le deviennent-ils jamais ?...

« Toutes ces questions se résolvent à l'aide du principe fonda-
« mental qui sert de base à l'équitation : *l'équilibre !* sans lequel
« il est de toute impossibilité que le cheval soit vraiment léger. »
( HUNERSDORF, *Méthode la plus facile et la plus naturelle pour dresser les chevaux d'officier et d'amateur.*)

— « En équitation, le mot équilibre résume toute la science. »
(BAUCHER, *Dictionnaire raisonné d'équitation.*)

Vers la fin du dernier siècle, *Bourgelat*, *Dupaty*, *Hünersdorf* et quelques autres ont cherché, avec raison, à démontrer que cette légèreté était le résultat de *l'équilibre*, partant que le dressage devait avoir pour but d'équilibrer le cheval ; mais leurs démonstrations, assez obscures et généralement contradictoires, n'ont point permis d'en déduire des règles bien précises pour la conduite du cheval. Ces écuyers, en établissant leur équilibre, n'ont d'ailleurs tenu compte que de la répartition *du poids,* sans s'occuper nullement de la *puissance musculaire* qui sert à son déplacement. C'était là évidemment une faute capitale.

Il y a une vingtaine d'années, un éminent homme de cheval, un écuyer dont la renommée a fait grand bruit dans le monde équestre, a produit une nouvelle méthode d'équitation, également basée sur l'équilibre, et il donne, lui, de son équilibre une définition très-acceptable. Malheureusement, au point de vue de l'équitation *militaire*, le savant professeur a, selon nous, dépassé le but, sans s'y arrêter suffisamment, car sa définition même nous prouve que cet équilibre ne saurait être le nôtre, pas plus que les moyens indiqués pour l'obtenir, tout en étant on ne peut plus rationnels, ne sauraient être à la portée de l'immense majorité de nos cavaliers.

Pour obtenir l'équilibre de M. *Baucher*, que nous appellerons *artificiel*, puisqu'il modifie les fonctions

1.

locomotrices de la machine animale, au point de leur permettre de produire des mouvements que le cheval ne saurait exécuter s'il était abandonné à lui-même, *il faut d'abord avoir rétabli l'équilibre* NATUREL, *que le poids du cavalier et les contractions musculaires provoquées par ce poids et par la résistance de l'animal à l'action des aides, ont commencé par détruire.* Il y a là, suivant nous, et toujours au point de vue de l'équitation *militaire,* une lacune dans la théorie si savante du célèbre écuyer, lacune que nous allons essayer de combler, en définissant physiologiquement *l'équilibre naturel,* tel que nous le comprenons, et en le prenant pour base de cette équitation.

Pour que le dressage d'un cheval de selle soit complet, est-il nécessaire que ce cheval puisse être mis en équilibre parfait? En d'autres termes : est-il indispensable que le dressage du cheval d'armes, par exemple, du cheval de chasse ou de promenade, comporte le rassembler? On ne saurait l'affirmer; cependant ces chevaux doivent être équilibrés en raison du service auquel on les destine et aussi de l'adresse équestre des cavaliers qui doivent les monter. C'est ce dernier équilibre que, dans notre *Manuel d'équitation,* nous avons appelé *relatif,* afin de le distinguer du rassembler, que nous avons nommé *absolu.* Nous prétendons qu'il met le cheval *monté* dans des conditions dynamiques et de pondé-ration qui lui permettent d'exécuter, sous le cavalier, tout ce qu'il serait susceptible de faire en liberté, alors que nous le disons en *équilibre naturel*. Nous lui donnerons ici cette dernière dénomination.

## II

Examinons maintenant de quelle manière peut se produire l'équilibre naturel, afin d'en établir une définition claire et surtout exacte, et d'en tirer ensuite les déductions que le sujet comporte.

Observez un jeune cheval en liberté : comme tous ses mouvements sont aisés, comme il est souple et gracieux, comme il *passage* et pirouette avec élégance ! Que se passe-t-il dans la machine, pour qu'elle puisse se mouvoir avec autant de facilité ?

Pour répondre à cette question, examinons d'abord les puissances à l'aide desquelles fonctionne cette machine et le rôle qu'elles remplissent forcément dans la locomotion.

Les deux agents principaux de la locomotion (nous ne parlons point du *moteur*) sont, ainsi que chacun le sait, les *forces musculaires* et le *poids*. Ces deux puissances se secondent mutuellement, aussi bien dans l'immobilité que dans la production des mouvements, et ne peuvent agir l'une sans l'autre. En effet, qu'un cheval soit placé d'aplomb sur ses quatre membres, il lui sera tout à fait impossible de lever l'un d'eux, s'il ne commence par renvoyer sur un autre le poids que ce membre supporte. Qu'un cheval veuille se cabrer, il est obligé d'alléger son devant en surchargeant son derrière ; c'est le contraire lorsque, dans la ruade, il veut enlever son arrière-main. Le poids est donc l'auxiliaire indispensable des contractions musculaires et, comme elles, agent actif de la locomotion. Mais comme il ne saurait être lui-même déplacé sans le secours de ces contractions, on peut dire que les deux puissances dont nous venons de parler se prêtent constamment un mutuel secours.

Il y a donc dans la machine animale *deux systèmes de forces* bien distincts, qui doivent, suivant des lois invariables, concourir à la production de l'équilibre hippique. Les contractions musculaires y contribuant aussi bien que le poids, cet équilibre n'est donc pas uniquement, ainsi qu'on l'a défini, le résultat d'une certaine répartition du poids de la masse.

La mécanique enseigne que tout système de forces, agissant sur un corps, peut être remplacé par une *résultante*. Le point d'application de cette résultante est le *centre* des forces. Chacun des deux systèmes que nous venons de mentionner a donc son centre : d'une part, le *centre de gravité*, point d'application de la résultante de toutes les forces parallèles qui attirent le corps du cheval vers le centre de la terre ; d'une autre, le centre des *forces musculaires*, point d'application de la résultante de toutes les contractions musculaires qui concourent au déplacement de la masse ou à son maintien dans l'immobilité. Or, puisque ce sont les forces musculaires qui gouvernent la masse, est-il une condition plus favorable au but que la nature assigne à ces contractions, que *lorsque leur résultante s'applique au centre même du poids de cette masse*? On ne saurait l'admettre; aussi pensons-nous et posons-nous en principe, que, dans le cheval en liberté, ces deux centres n'en forment qu'un seul, et que, de cette union intime, résulte *l'équilibre naturel*, qu'il en est la conséquence. Cette union aura lieu tant que les forces que l'animal met en jeu serviront exclusivement à la production du mouvement et à l'entretien de son attitude dans le mouvement.

### III

Observez maintenant ce jeune cheval *monté pour la première fois;* ce jeune cheval que vous admiriez tantôt soutenant fièrement la tête, portant la queue au niveau du rein; ce cheval dont tous les mouvements étaient trides et cadencés, qui se mouvait avec une facilité et une élégance extrêmes : toutes ses brillantes qualités se sont évanouies, et c'est à peine s'il est en état de répondre à la moindre exigence de son cavalier! A quoi cela peut-il tenir?

A la rupture de son équilibre naturel et à son ignorance absolue des intentions du cavalier ; c'est du
moins notre intime conviction.

En effet, sous le rapport physiologique, quel
phénomène se produit-il dans la machine animale, au moment où, pour la première fois, vous la
chargez du poids d'un cavalier? Et tout d'abord,
puisque nous posons en principe que l'équilibre
naturel gît dans la relation intime que la nature a
établie entre les *deux centres*, comment la rupture
de l'équilibre peut-elle se produire? Évidemment
par le déplacement de l'un ou l'autre de ces deux
centres, sinon de tous les deux en sens différents.

Au moment où le poids du cavalier s'ajoute à
celui du cheval, il s'établit nécessairement un nouveau centre de gravité, qui ne saurait se confondre
avec le premier, la ligne de gravitation de l'homme
dût-elle même se confondre avec celle du cheval ;
cela suffirait donc déjà pour rompre l'équilibre naturel ; mais cette rupture trouve une cause bien
plus déterminante encore dans le déplacement du
centre des forces musculaires, provoqué par toutes
les contractions étrangères aux fonctions habituelles de la machine. Ces contractions résultent non-
seulement de la charge que l'on place sur le dos de
l'animal, qui, étonné, emploie d'abord plus de force
qu'il n'en faut pour porter son cavalier, mais encore
de la résistance que le cheval oppose à l'effet des

aides, auxquelles on ne lui a pas encore appris à obéir; car, au lieu de céder à l'action d'une rêne, il roidit son encolure pour y résister, et, au lieu d'obéir à la pression d'une jambe, il commence par s'appuyer sur elle.

Si l'on s'est bien rendu compte de la perturbation que le cavalier apporte dans les fonctions de la machine animale au moment où, pour la première fois, il enjambe un cheval, on admettra avec nous que le dressage rationnel doit avoir pour but de rétablir l'harmonie rompue, de replacer, *autant que possible*, le cheval dans les conditions relatives de pondération et de mouvement où il se trouvait précédemment et qui lui permettront d'exécuter, avec aisance et à la volonté du cavalier, les mouvements qu'il exécutait tout seul, avant de lui demander des tours d'adresse; bref, que le dressage rationnel doit viser à un équilibre *naturel*, avant de prétendre faire exécuter au cheval des mouvements qui ne peuvent s'obtenir qu'à l'aide d'un équilibre *artificiel*. C'est ce que nous avons cherché à établir dans notre *Manuel d'équitation*, quand nous avons parlé des équilibres *relatif* et *absolu*.

## IV

De la définition que nous avons donnée de *l'équilibre naturel* on peut déduire que deux raisons em—

pêchent le jeune cheval de répondre aux exigences de son cavalier, lorsque celui-ci le monte sans l'avoir d'abord soumis à un exercice préparatoire : le cheval *ne sait pas* obéir et il *ne peut pas* obéir.

L'obéissance passive à l'action des aides du cavalier étant en définitive le but que se propose tout dressage, il faut nécessairement, d'une part, chercher à se faire comprendre du cheval, et, de l'autre, mettre le cheval en état de répondre à ce qu'on lui demande.

Le cheval *ne sait pas* obéir, parce que le langage des aides, dont le cavalier se servira pour se faire comprendre, lui est encore entièrement inconnu ; il *ne peut pas* obéir, parce que son équilibre naturel, source de toute aisance dans la production de ses mouvements, est détruit.

L'équitation raisonnée nous apprend que tout mouvement du cheval est la conséquence naturelle d'une disposition particulière et préliminaire de la machine ; elle est instinctive de la part de l'animal en liberté ; c'est une exigence de la nature qu'il est forcé de satisfaire. Cette disposition lui est imposée par le cavalier, lorsque le cheval est monté. Ce ne sera donc que par la direction donnée aux divers rayons de la machine animale qu'on pourra se faire comprendre et obéir. Cette obéissance peut d'ailleurs s'expliquer de la manière suivante : le cavalier oppose aux forces du cheval, par le moyen de ses aides, une barrière sur toutes les directions qu'il ne veut pas qu'elles prennent, ne laissant libre que celle qu'il désire qu'elles suivent ; instinctivement l'animal leur fait prendre cette direction.

Ainsi la *position* est imposée au cheval par l'intermédiaire des aides. Les aides, quelles qu'elles soient et quoi qu'on en ait dit, sont et seront toujours une menace de douleur pour le cheval ; mais cette douleur, toujours proportionnée à la résistance, sera nulle toutes les fois que le cheval obéira. Il faut donc, avant tout, apprendre à l'animal à connaître l'action isolée et particulière de chaque aide, rendre cette obéissance prompte et facile par l'exercice, et en profiter ensuite pour imposer au cheval, en combinant l'action de ces aides, les *positions* d'où devront résulter les divers mouvements. Le nombre de ces positions étant fort limité, le cavalier ne tardera pas à obtenir de sa monture une entière soumission, surtout si les moyens employés pour la placer ne nuisent en rien à son *équilibre naturel* que, instinctivement, elle reprendra, lorsque ses diverses articulations auront acquis le degré de souplesse nécessaire pour que les translations de poids puissent se faire instantanément.

Ainsi, *l'instinct poussera le cheval monté à recomposer de lui-même son équilibre,* si la souplesse de ses articulations lui permet de donner sans effort la direction voulue à ses rayons, de manière à seconder les fluctuations du poids, et surtout, si l'effet des aides ne provoque aucune contraction susceptible de s'y opposer. De là il résulte :

1° La nécessité d'assouplir les articulations par un exercice gymnastique et fortifiant;

2° Le besoin d'apprendre au cheval à céder à la moindre sollicitation des aides, ce qui lui ôtera tout prétexte de contractions anormales;

3° L'obligation absolue pour le cavalier (ou tout au moins pour l'instructeur) de connaître les principales lois physiologiques auxquelles est soumise la machine animale, afin que les agents dont il se servira pour la diriger deviennent réellement des *aides* et non des moyens de contrainte s'opposant au développement des plus brillantes qualités du cheval et provoquant son usure et sa ruine prématurée. Cette dernière condition est certainement la plus indispensable, et c'est celle qu'on rencontre le plus rarement chez la majorité des cavaliers qui ne craignent point d'entreprendre le dressage d'un cheval.

## V

En analysant les éléments de la locomotion, nous n'avons parlé que du fonctionnement de la machine *matériellement parlant*, omettant à dessein le *moteur*, pour nous y arrêter plus tard ; le moment est venu de nous en occuper.

Le principe essentiel qui met en mouvement les divers rouages du mécanisme et qu'on nomme l'*action*, est une troisième puissance dont dispose le cavalier pour tirer parti du cheval. Cette puissance est à la machine animale, ce que la vapeur est à la locomotive. C'est au cavalier de savoir la contenir sans la détruire, afin de s'en servir à propos ; c'est aussi à lui de la réveiller lorsqu'elle est devenue insuffisante à produire le résultat demandé.

Si, ainsi qu'on l'a vu précédemment, chaque mouvement du cheval réclame une disposition préliminaire de ses rayons, une *position* particulière, chacun de ces mouvements exigera, non moins impérieusement, une quantité déterminée d'*action*, suivant l'allure à laquelle il devra être exécuté ou le degré de vivacité qu'y réclamera le cavalier. Il faut donc, pour être toujours compris, et, par suite, obéi du cheval, non-seulement disposer convenablement la machine animale avant de la faire fonctionner de telle ou telle manière, mais encore *n'employer l'action que dans les proportions exigées pour atteindre le but qu'on se propose.* Toute la conduite du cheval gît dans l'observation de ces deux principes qui sont également la base du dressage rationnel. Quoique nous les ayons développés avec soin dans notre *Manuel*, leur importance est telle

que, au risque de nous répéter, nous allons encore
donner ici quelques exemples pour la faire mieux
ressortir.—Pour disposer un cheval à partir *au ga-*
*lop sur le pied droit*, il faut nécessairement *le placer*
de manière que ce galop résulte de la position préliminaire imposée à la machine; cette position est
invariable quel que soit le sujet; toutefois elle est
plus ou moins forcée suivant les moyens de l'animal
et son degré d'instruction. Mais la *position* seule ne
suffit pas pour provoquer le départ au galop : il faut
encore une certaine dose d'*action*, sans laquelle le
cheval ne s'enlèvera pas. Or, c'est au cavalier de
sentir si l'action propre à l'animal est suffisante ou
s'il doit la réveiller au moyen de ses aides; dans le
premier cas, il permet à cette action de se développer, de s'échapper au degré voulu pour la production de l'allure, en rendant simplement la main ;
dans l'autre, qui est la plus ordinaire, il stimule
l'action du cheval en raison de son plus ou moins
d'impressionnabilité, afin de la porter au degré convenable. Dans l'un et l'autre cas, la main reste
chargée de régulariser le développement du moteur.

Autre exemple :

Dans la disposition préparatoire pour le départ
*au trot*, le cheval doit être placé *carré des épaules et*
*des hanches.* Plus d'un cheval d'action se refusera
obstinément à trotter si son cavalier manque du tact
voulu pour lui imposer cette position. Mais dans

l'allure du *pas*, le cheval est également carré des épaules et des hanches; qu'est-ce qui lui dira que c'est l'une ou l'autre de ces deux allures qu'il doit prendre, si ce n'est le degré d'*action* dont le cavalier lui laissera disposer ou qu'il lui communiquera au moyen de ses aides?

Il n'est pas un mouvement auquel on ne puisse appliquer les observations que nous venons de faire; personne ne saurait donc nier l'importance du rôle que jouent l'*action* et la *position* dans la conduite du cheval et *que c'est par elles seules qu'on arrive à se faire comprendre de l'animal*. Il y a donc nécessité absolue pour tout cavalier de s'en rendre un compte exact.


## VI

Si l'on a bien saisi ce qui constitue l'*équilibre naturel*, aussi bien dans la station que dans le mouvement; si l'on a compris de quelle manière se combinent les contractions musculaires avec les fluctuations du poids, on en conclura nécessairement que les forces (génériquement parlant) au moyen desquelles fonctionne la machine, doivent être classées en deux catégories : les unes servant à la production du *mouvement*, les autres à la production et à l'entretien de l'*équilibre* dans le mouvement; elles sont distinctes les unes des autres, tout en se combinant entre elles. Or, *comme l'équilibre du cheval ne doit jamais être rompu* (on est prié de se rappeler l'acception *particulière* et toute nouvelle que nous donnons au mot équilibre), quelque mouvement que le cavalier exige; que, d'autre part, il est impossible au cheval d'obéir aux aides du cavalier pour prendre une position, sans le secours de certaines forces, ces dernières ne peuvent donc être fournies que par celles qui constituent la première catégorie (mouvement); et comme nous avons vu que chaque allure et chaque mouvement nécessitent, suivant le sujet, un degré bien défini d'action (un minimum), degré qui se trouve forcément amoindri *par ce que lui a emprunté la position*, nous avons ajouté, comme principe fondamental complémentaire des deux premiers : que si, d'une part, les aides qui donnent la position absorbent infailliblement une partie de l'action, celles qui transmettent le mouvement doivent en même temps augmenter proportionnellement leur effet stimulant pour compenser cette perte. Voici, du reste, l'exemple à l'aide duquel nous avons essayé de faire saisir la justesse de ce principe : « On peut considérer la machine animale « comme un réservoir de forces d'où le cheval tire « indistinctement celles qu'il lui faut pour prendre « ou pour entretenir telle ou telle allure ; soit *a* la « quantité nécessaire à la production de l'allure du « pas.

« Supposons maintenant que le cavalier veuille
« faire prendre le galop à sa monture ; celle-ci, pour
« répondre à la sollicitation des aides, devra néces-
« sairement puiser dans le réservoir et en tirer une
« quantité $b$ qui, ajoutée à la première, donnera
« $a + b$, somme des forces qui lui sont indispen-
« sables pour pouvoir s'enlever au galop. Mais pour
« *disposer* le cheval à prendre cette allure, le cava-
« lier est obligé de lui donner une *position* prélimi-
« naire, et il ne peut le faire sans absorber une par-
« tie $n$ des forces $a$ ; celles-ci se trouveront donc
« réduites à une quantité $a - n$ qui, ajoutée à $b$,
« sera trop faible pour permettre à l'animal de s'en-
« lever au galop.

« Pour obvier à cet inconvénient, le cavalier,
« pendant qu'il se servira de l'une de ses jambes
« pour donner la *position* au cheval, emploiera l'au-
« tre à le stimuler (action communiquée), afin de
« le déterminer à tirer de son réservoir une nou-
« velle partie $n' = n$, et alors la quantité représen-
« tée par $a + b - n + n'$ sera absolument égale à
« celle que nous avons figurée par $a + b$ ; c'est-à-
« dire que le cheval disposera d'une somme de for-
« ces suffisantes pour pouvoir répondre instantané-
« ment à la sollicitation des aides, si quelque autre
« cause physique ne s'y oppose pas. » (*Manuel d'é-
quitation.*)

En revenant en détail sur ces principes déjà ex-

posés ailleurs, nous avons voulu non-seulement en
démontrer la justesse mathématique, mais surtout
en faire ressortir toute l'importance. Nous avons
aussi cherché à prouver, en les réduisant à leur plus
simple expression, qu'ils sont peu nombreux et
d'une simplicité telle, que les notions scientifiques
les plus élémentaires suffisent à un instructeur pour
les comprendre.

## VII

Il ressort de notre manière d'envisager l'*équilibre
naturel*, que le cheval sera le meilleur juge de son
propre équilibre ; qu'il le prendra toujours instinctivement *dans la position* qui lui sera imposée, toutes
les fois que cette position sera en rapport avec ses
moyens et son degré d'adresse acquise par le dressage. Ceci indique assez que, suivant nous, toute
contrainte douloureuse imposée au cheval, par l'opposition des aides, est non-seulement contraire à la
production de l'équilibre, mais encore une cause de
fatigue pour les ressorts de la machine qu'elle contribue à user sans profit.

Mais, nous demandera-t-on, le dressage rationnel replacera-t-il les *deux centres* exactement dans
les conditions où ils se trouvaient dans le cheval en
liberté ? Certes non : le cheval, il est vrai, n'opposera
plus aucune résistance aux aides ; toutefois il sera

toujours obligé de supporter le poids du cavalier, et ce poids provoquera des contractions d'une part, et, d'une autre, déplacera le centre de gravité. Mais à mesure que le cheval acquerra de l'adresse, il lui faudra moins de force pour supporter son cavalier, ce qui réduira à un *minimum* la somme des contractions étrangères à la production de l'équilibre et du mouvement ; c'est alors qu'on aura obtenu l'équilibre *relatif*. Le cheval pourra dès lors exécuter les mouvements qu'il ferait en liberté, moins spontanément, il est vrai, moins brillamment, mais *il pourra* les exécuter. De ce moment seulement il sera *léger*, légèreté relative au genre de service auquel on le destine. *C'est donc la légèreté du cheval qui donne la mesure de son équilibre.*

C'est ici que commence l'équitation supérieure qui a pour but, non-seulement de rendre au cheval toute sa légèreté et toute son élégance naturelle, mais encore d'obtenir de lui des mouvements qu'il n'exécute jamais lorsqu'il est abandonné à lui-même. Ici l'écuyer transforme la machine, répartit différemment le poids, concentre les forces, fait gagner aux mouvements du cheval en hauteur ce qu'il leur retire en étendue, et rend les déplacements prompts et faciles dans tous les sens. Dans cet équilibre, les *deux centres* se trouvent réunis de nouveau, non parce que le poids du cavalier cesse de provoquer des contractions et d'influer sur la posi-

2.

tion du centre de gravité, mais parce que l'habileté
de l'écuyer a su établir une compensation à cette
surcharge par le changement de direction imposé
aux rayons du cheval, par l'*égale*[1] répartition donnée au poids sur les quatre membres, par la ré-
duction produite dans l'étendue de la base de sus-
tentation, etc., etc.

Nous nous sommes suffisamment étendu sur le
dressage du cheval de haute école dans notre *Manuel d'équitation*, pour pouvoir nous dispenser de
nous y arrêter davantage ; ce dressage n'a, du reste,
rien de commun avec l'équitation militaire.

## VIII

En résumé, voici ce que, dans les paragraphes
précédents, nous avons cherché à démontrer :

L'*équilibre hippique* n'est pas seulement le résultat
d'une certaine répartition du poids : il est surtout
la conséquence du *rapport* intime que la nature a
établi entre les deux puissances à l'aide desquelles
fonctionne la machine.

L'équilibre *naturel* dans lequel l'animal se soutient
lorsqu'il est entièrement livré à lui-même, et qui est
la source de l'aisance qu'on remarque dans tous ses

---

[1] On sait que la nature a mis plus de poids sur les membres
antérieurs du cheval que sur ses membres postérieurs.

mouvements, se trouve, dès que le cheval est monté, rompu par suite de l'addition du poids du cavalier et des contractions anormales que ce poids et la résistance de l'animal à l'action des aides provoquent dans le système musculaire.

Le premier soin du cavalier doit être de favoriser, par tous les moyens possibles, la reconstitution de cet équilibre. Il ne peut qu'*aider* le cheval dans ce but; l'instinct de l'animal fait le reste.

Pour que le cheval *monté* se retrouve dans des conditions dynamiques et de pondération analogues à celles où il était précédemment, il faut qu'il puisse changer instinctivement la direction normale de ses rayons articulaires, afin de favoriser les translations du poids dont la répartition doit être modifiée, et il n'y parvient sans effort qu'après avoir acquis une certaine *adresse*.

Cette adresse lui est communiquée au moyen d'un exercice gymnastique qui assouplit les articulations et fortifie les muscles, et cet exercice se pratique par l'intermédiaire de certains agents (les aides) avec lesquels il faut commencer par familiariser le cheval, en lui apprenant à céder à l'action de chacun d'eux.

Le cheval sachant céder aux actions *isolées* des aides, il faut *combiner* ces actions de telle sorte qu'elles deviennent les agents de la conduite et de la domination.

Chaque mouvement du cheval étant la conséquence inévitable de la disposition préliminaire de la machine (de la *position*), il est indispensable que le cavalier sache toujours imposer au cheval celle qui répond au mouvement qu'il veut lui faire exécuter.

L'exécution de chaque mouvement et de chaque allure réclame une dose particulière d'*action*; le cavalier doit donc régler celle du cheval de manière à n'en employer que la quantié nécessaire; et si l'action *naturelle* est insuffisante, il doit se servir de l'effet stimulant de ses aides pour la porter au degré voulu.

Enfin, comme il ne doit y avoir, dans la machine animale, que des forces produisant l'équilibre et d'autres donnant le mouvement, et l'équilibre naturel du cheval ne devant jamais être rompu, les forces absorbées par la *position* imposée au moyen des aides réduiraient le degré d'*action*, si le cavalier n'avait l'attention d'y apporter une compensation par un supplément proportionnel d'action communiquée.

Il résulte de ce que nous venons de dire que, pour régler le jeu de la machine animale comme nous l'entendons, le cavalier (ou tout au moins l'instructeur) ne peut se dispenser de connaître les lois absolues qui la régissent. Voilà, selon nous, la véritable base de toute équitation rationnelle; le reste n'est qu'affaire de tact et de convention.

## IX

On peut voir, d'après ce que nous venons d'exposer, que, contrairement aux anciennes théories, la recherche de la *place* occupée par le centre de gravité nous occupe peu. Pût-on saisir ce centre, qui a tant et si inutilement préoccupé les écuyers, l'art équestre (tel est du moins notre avis) n'y gagnerait absolument rien. L'existence du centre de gravité n'a, d'ailleurs, jamais été contestée, et cela nous suffit.

Si ce centre est insaisissable et la connaissance exacte de sa situation superflue, il en est absolument de même *du centre des forces musculaires*, dont l'existence ne saurait pas non plus être mise en doute.

Mais s'il est inutile de savoir *où* se trouvent ces deux foyers, il est une chose qui doit, suivant nous, être prise en sérieuse considération : c'est le *rapport* constant qui existe entre eux, car *il représente la véritable mesure de l'équilibre hippique.*

Cet équilibre devant être la base de toute saine équitation, il faut nécessairement le définir, afin de pouvoir en déduire et en établir des règles précises pour le dressage et pour la conduite du cheval ; car toute théorie qui ne serait pas en harmonie parfaite avec les lois qui régissent les fonctions locomotrices de la machine animale serait fausse et ne saurait donner que de mauvais résultats. Il ne suffit donc pas de dire : « ma méthode est basée sur l'équilibre du cheval », il faut encore, et avant tout, expliquer *clairement* ce que vous entendez par le mot *équilibre*. C'est ce que nous avons essayé de faire.

D'ailleurs, s'il est rigoureusement possible à l'homme possédant un grand tact équestre de bien pratiquer l'équitation sans se rendre compte du *pourquoi* des principes qu'il applique, il ne lui en est pas moins absòlument impossible de *l'enseigner;* car, pour bien enseigner, il faut, outre la connaissance parfaite des moyens, avoir une foi profonde dans leur infaillibilité, et cette foi, le raisonnement seul peut la donner.

Maintenant, nous demandera-t-on, puisque vous ne vous occupez pas de la situation des *deux centres*, comment connaîtrez-vous le rapport qui existe entre eux ? Comment saurez-vous que votre cheval est en équilibre ? et à quoi, enfin, votre dissertation scientifique vous aura-t-elle servi ? La réponse est facile : Le rapport entre les deux centres nous est constamment donné par le degré de *légèreté* du cheval ! Lorsque l'animal reste *léger* dans tout ce que nous avons le droit d'exiger de lui eu égard au genre de service auquel nous le destinons, nous le considérons comme équilibré, sans nous inquiéter davantage de la situation respective et effective des deux centres. La légèreté parfaite accusera, par conséquent, un équilibre parfait.

Quant au *but* que nous nous sommes proposé en analysant l'équilibre naturel du cheval, il n'a été autre que d'asseoir nos principes sur une base solide et de les justifier en prouvant qu'ils sont tous en parfait accord avec les lois qui régissent les mouvements de la machine animale; car, nous le répétons: pour enseigner avec succès l'équitation et surtout le dressage, il faut, avant tout, avoir une entière confiance dans l'infaillibilité des *moyens* que l'on croit devoir recommander, et cette confiance résulte surtout de la connaissance approfondie des *principes* qui servent à les justifier.

## 2° — De l'action équestre.

### I

Nous appelons *action équestre* l'ensemble des diverses combinaisons des aides qui doivent mettre le cheval sous l'entière domination de son cavalier.

La main, par l'intermédiaire du mors de la bride (qui produit sur les barres du cheval une douleur proportionnée à sa résistance), combat et annule au besoin toutes les forces qui se produisent d'arrière en avant. Les jambes et les talons armés des éperons s'opposent de même à toutes celles qui agissent d'avant en arrière ; les jambes ont en outre une action stimulante.

Pour qu'un cheval soit entièrement dominé par son cavalier, il faut qu'il se trouve *entre la main et les jambes* ; c'est-à-dire qu'il considère d'une part la main comme une barrière infranchissable, et, d'une autre, les jambes comme une puissance impulsive irrésistible. En combinant ces deux puissances entre elles et avec l'aplomb du corps, le cavalier se rend entièrement maître de toutes les forces de son cheval et peut leur donner la direction qu'il juge à propos.

Le corps du cavalier, on le sait, doit conserver dans tous les mouvements et à toutes les allures ses rapports d'équilibre et d'aplomb avec ceux de sa monture, pour que les bras restent constamment libres d'agir suivant le rôle qui leur est assigné dans la conduite du cheval ; mais cela ne suffit pas : il faut encore que le cavalier porte son poids plus ou moins en avant, en arrière, à droite ou à gauche, selon qu'il veut allonger l'allure, la ralentir, tourner à droite ou tourner à gauche. Ce n'est qu'en combinant ces fluctuations de poids de manière qu'elles deviennent les auxiliaires de l'action de ses mains et de ses jambes que son assiette sera « *bien entendue.* »

Le *poids du corps* a de tous temps joué un grand rôle en équitation. Il suffit, pour s'en convaincre, de consulter à ce sujet les écrits des écuyers français du dernier siècle. Qu'il nous soit permis d'extraire quelques passages de ces auteurs bien connus :

« Il s'agit de démontrer évidemment, dit *Bour-*
« *gelat*, que les *aides du corps* contribuent et peu-
« vent même seules conduire géométriquement à
« l'union des aides de la main et des jambes ; et
« dès lors on sera forcé de conclure *qu'elles sont*
« *préférables à toutes les autres.* » (*Le nouveau New-*
castle, 1771, p. 187.)

« Les aides secrètes du corps consistent donc à
*prévenir et à accompagner toutes les actions du che-*
*val.* » (Le même, p. 195.)

*Dupaty de Clam* n'est pas moins explicite :

« Le corps humain, » dit-il, « peut être repré-
« senté comme une machine dont l'effet est d'opé-
« rer tel mouvement ou, si l'on aime mieux, *de*
« *pousser le cheval vers un point donné.*» (*Traité sur*
*l'équitation*, 1772, p. 103.)

Enfin, en 1773, un écuyer militaire d'une certaine réputation, *Mottin de la Balme*, reprochait
dans les termes suivants à M. *de la Guérinière* d'a-
voir omis de parler du rôle du poids du corps dans
la conduite du cheval : « Cet auteur, » écrit-il, « ne
« parle pas des effets de l'*aide du corps, la plus né-*
« *cessaire, la plus employée,* celle enfin dont toutes
« les autres dépendent ; et cependant quel est

« l'homme de cheval qui ne conviendra pas *que c'est*
« *avec l'aide du corps qu'il tient droit, chasse, arrête,*
« *calme, occupe et contient à chaque instant le cheval*
« qui exerce sous lui?» (*Essais sur l'équitation*, 1773,
p. 208.)

Lorsqu'il y a une pareille unanimité dans l'opinion de nos écuyers en renom sur un principe fondamental d'équitation pratique, on serait en droit de
se demander pourquoi ce principe se trouve à peine
indiqué dans quelques rares mouvements de l'*Ordonnance de cavalerie*, si M. *de Bohan*, à qui les doctrines équestres de ce règlement ont été empruntées,
ne s'était chargé de nous l'apprendre :

« On peut voir, par ce que je viens de dire, *que*
« *je regarde comme mauvaise toute aide et mouvement*
« *du corps ;* je ne crois pas avoir besoin de démon-
« trer davantage la fausseté des principes qui les
« ordonnent.» (*Des prétendues aides du corps.—Principes pour monter et dresser les chevaux de guerre*,
éd. de 1821, p. 18.) Hâtons-nous d'ajouter que M. *de
Bohan* ne démontre absolument rien, et espérons
que dans une prochaine révision de l'Ordonnance
on accordera définitivement aux aides du corps (cette
récente et utile *innovation*, au dire des gens qui n'ont
pas lu *Bourgelat* et ses contemporains) la place importante qui leur appartient dans toute saine équitation. Mais revenons au sujet de ce chapitre.

## II

Les actions de la main et celles des jambes, par l'intermédiaire du mors et des éperons, étant autant de menaces de douleur auxquelles le cheval obéira en raison de l'accord et de l'à-propos que le cavalier saura apporter dans ces diverses actions, on comprend qu'il existe un rapport intime et obligé entre la puissance des éperons et celle du mors de la bride. En effet, d'une part, le cheval doit toujours s'appuyer en toute confiance (quoique avec légèreté) sur la main du cavalier chargée de régulariser, de diriger et de contenir au besoin l'impulsion donnée par les jambes, mais il ne doit jamais lui être possible de franchir cette barrière malgré le cavalier; d'une autre, les jambes, tout en ayant une puissance d'impulsion à laquelle le cheval ne saurait résister, ne doivent toutefois jamais imprimer à ce dernier une action que la main serait incapable de contenir. Pour être renfermé entre la main et les jambes, il ne faut donc pas que l'animal craigne plus les jambes que la main, et *vice versâ;* s'il craint trop les jambes par suite de leur action trop violente ou de l'effet trop douloureux des éperons, il sera disposé à forcer la main; si c'est au contraire le mors qui lui occasionne une douleur trop vive, il sera porté à rester *derrière la main* et à se mettre peu à peu *derrière les jambes*. Quel que soit le tact du cavalier, il rencontrera ces inconvénients, s'il néglige d'accorder entre elles la puissance de son mors et celle de ses éperons, *sur tous les chevaux dont les forces sont régulièrement réparties* et, *à fortiori*, sur les chevaux équilibrés par le dressage. On peut dès lors tirer parti de cette particularité pour la *conduite* des chevaux imparfaitement dressés ou de ceux qui ne le sont pas du tout, si leurs propensions les portent à redouter plus les jambes que la main, et *vice versâ*. Ainsi tel cheval s'appuyant trop sur la main pourra être *momentanément* corrigé de ce défaut au moyen d'un mors plus dur; tel autre, derrière les jambes, pourra être mieux conduit avec des éperons plus pointus, etc. Quant à ceux dont on entreprend le *dressage*, nous avons démontré ailleurs que le mors le plus doux et les éperons les moins acérés suffisent dans la grande majorité des cas.

### III

Les rênes de filet ne jouent un rôle réellement important que dans le dressage, et nous en avons défini et démontré les fonctions dans notre *Manuel d'équitation*. Une fois le dressage terminé, le cheval doit pouvoir, dans toutes les circonstances, se conduire avec la bride seule. L'éducation des chevaux de troupe, surtout, serait incomplète si elle ne satisfaisait à cette condition. Toutes les combinaisons des aides doivent donc pouvoir se faire sans avoir recours aux rênes du filet. Celles de la bride agissant seules dans ces différentes combinaisons, il importe de définir les effets qu'elles sont susceptibles de produire.

Une rêne de bride peut produire quatre effets bien distincts : 1° un effet *direct* d'avant en arrière, agissant sur la barre, sur l'épaule et sur la hanche du côté de cette rêne ; 2° un effet *diagonal*, agissant sur la barre du côté de la rêne et sur l'épaule *ou* sur la hanche du côté opposé ; 3° un effet de *pulsion* produisant une pression sur la barre et un appui sur l'encolure du côté de la rêne ; 4° un effet de *traction* tendant à attirer la tête et l'encolure par côté.

Le cheval obéit de lui-même et presque instinctivement aux deux premiers effets (direct et diagonal), parce qu'ils sont justes et en parfait accord avec la construction de la machine. L'éducation seule lui apprend à céder aux deux derniers (pulsion et traction), car ils sont faux et n'agissent que d'une manière indirecte: l'obéissance du cheval à leur action est, pour ainsi dire, conventionnelle. Ces deux derniers effets peuvent être auxiliaires l'un de l'autre et aussi se remplacer l'un par l'autre, ayant tous deux pour but, en agissant latéralement, de diriger la tête et l'encolure, l'une poussant et l'autre attirant ; c'est pourquoi, lorsque les rênes de bride sont réunies dans la même main , elles peuvent seules suffire à la conduite du cheval, quoique l'effet de traction ne puisse pas se produire.

Les jambes ont, avant tout, une action stimulante, surtout quand elles agissent ensemble. Lorsqu'elles agissent isolément, elles ont en outre la propriété de chasser l'arrière-main du cheval par côté ; cette propriété trouve un auxiliaire puissant dans les oppositions de la main du cavalier.

L'action isolée et collective des deux rênes de bride se combine avec l'effet (également isolé ou collectif) des jambes, pour donner au cheval les différentes *positions* d'où doit résulter son obéissance. Le poids du cavalier, servant de trait d'union entre les effets de la main et des jambes, agit directement sur le centre *commun* de gravité, pour accélérer ou ralentir sa marche ; ses effets sont donc aussi importants que ceux de la main et des jambes.

Nous avons parlé assez longuement, dans notre *Manuel*, des fonctions propres à chaque aide, pour n'avoir pas besoin d'y revenir ici.

### 3° Combinaisons des aides.

I

Il nous reste à examiner quel parti l'*enseignement* de l'équitation et du dressage du cheval peut tirer de l'ensemble des principes détaillés dans les paragraphes précédents.

Ainsi qu'on a cherché à le démontrer, chaque mouvement du cheval exige une disposition particulière de la machine animale, sans laquelle il lui est impossible d'obéir ; il en est de même pour chaque allure. Il faut donc que le cavalier prenne l'habitude de *placer* convenablement son cheval, avant de rien exiger de lui. D'un autre côté, il faut que le cheval ait *l'action* voulue, pour pouvoir répondre instantanément à la sollicitation des aides du cavalier ; il importe aussi, pour la régularité de l'exécution, qu'il n'en ait jamais trop. Le cavalier, en *plaçant* son cheval, doit donc avoir grand soin de ne pas laisser ralentir son allure, ce qui aurait inévitablement lieu, s'il négligeait de *l'actionner* au moment de lui donner la *position*, les oppositions pratiquées dans ce but ne pouvant qu'absorber une partie de l'impulsion. Il observera, en outre, de ne

3

communiquer à sa monture que le degré d'action réclamée par le mouvement ou l'allure demandée.

On peut donc prendre pour base de *l'action équestre* les deux principes suivants :

1° *Donner toujours au cheval, dans tout ce qu'on exige de lui, une position préliminaire telle que le mouvement ou l'allure demandés en soient la conséquence naturelle ;*

2° *Faire en sorte que le cheval ait toujours assez d'action pour pouvoir répondre instantanément à ce qu'on exige de lui, et éviter qu'il en ait trop.*

Toutes les fois qu'un cheval ne répond pas aux aides dans la limite de ce qu'on est en droit d'exiger de lui, eu égard à sa conformation et à son degré d'instruction, on peut être assuré d'avance que c'est par suite d'un manque ou d'un excès d'action, ou bien parce que la position donnée par les aides est mauvaise ; quelquefois parce que le cavalier n'a observé de se conformer ni à l'un ni à l'autre des deux principes fondamentaux que nous venons d'exposer. Ces deux principes renferment tout le secret de l'art équestre, et ce n'est qu'en les observant scrupuleusement qu'on arrive à se faire comprendre du cheval.

Puisque la conduite du cheval dépend de la juste appréciation de ces principes, les agents de la conduite auront donc, d'une part, à présider à l'action et, d'une autre, à la position. Il y a donc des aides d'action et des aides de position ; mais comme elles agissent toujours en même temps, et qu'il importe que, dans leurs effets, il n'y ait confusion ni pour l'homme ni pour le cheval, nous croyons, pour simplifier l'enseignement de l'équitation, pouvoir réduire à deux le nombre des combinaisons des aides, savoir :

1° Un effet collectif et égal des deux jambes avec soutien des deux rênes (*et vice versá*), dans le mouvement en avant au pas et au trot sur la ligne droite, dans le temps d'arrêt en marchant à ces allures et dans le reculer ;

2° Dans toutes les autres exigences du cavalier, il n'y a qu'une seule combinaison se reproduisant toujours de la même manière, savoir : une jambe est chargée de communiquer *l'action ;* elle stimule le cheval près des sangles. L'autre jambe, secondée par l'opposition de la rêne du même côté, préside à la *position ;* celle-ci agit plus en arrière. Enfin, la deuxième rêne, suivant le cas, dirige les épaules ou contribue à les contenir.

La première de ces deux combinaisons est trop simple pour que nous ayons à nous y arrêter. Quant à la deuxième, quel que soit le mouvement que le cavalier veuille demander à son cheval, s'il marche à main droite, par exemple, ou s'il appuie à droite, il l'actionnera toujours avec la jambe droite, il le placera constamment avec la rêne et la jambe gauches ;

3.

enfin, il contiendra ou dirigera ses épaules avec la
rêne droite ; ce sera naturellement l'inverse, si le
cheval travaille à main gauche. Quant à la direction
à donner au poids du corps, ce trait d'union entre
la main et les jambes, comme elle influe naturellement sur la marche du centre commun de gravité,
le cavalier a toujours soin d'accompagner le cheval
dans ses déplacements, de manière à ne jamais
cesser de rester lié avec lui. Il peut, en outre, disposer de son poids pour engager la masse à suivre
telle ou telle direction, pour activer ou pour ralentir le mouvement, etc.


## II


Il nous reste naturellement à prouver l'exactitude
de ce que nous avançons.

Pour la commodité de la démonstration, *supposons les rênes de bride tenues dans les deux mains*,
comme il est prescrit pour le bridon, et plaçons le
cavalier sur la piste du manége, *à main droite :*
s'il veut exécuter une *rotation* sur les épaules ( pirouette renversée), il donne la *position* à son cheval
avec la jambe gauche secondée d'une opposition
de la rêne gauche, il *l'actionne* avec la jambe
droite et il contient les épaules avec la rêne droite.
S'il veut faire exécuter à son cheval le mouvement
de *tête au mur*, il se sert exactement de la même

combinaison, excepté que la rêne droite, au lieu de contenir les épaules en associant son opposition à celle de la rêne gauche, sert à les diriger de gauche à droite, le long du mur.

Si le cavalier veut faire exécuter à son cheval une *rotation sur les hanches* ( pirouette ordinaire), il lui donne encore la position avec la jambe et la rêne gauches, l'action avec la jambe droite, et il dirige les épaules avec la rêne droite.

Le *changement de direction* sur la demi-hanche n'est autre chose, pour la combinaison des aides, que le mouvement de tête au mur.

Le mouvement de *croupe au mur* à main droite exige la combinaison de la *tête au mur* à main gauche.

La *hanche sur le cercle, les épaules en dedans*, ne diffère de la rotation sur les épaules qu'en ce que les membres antérieurs, au lieu de pirouetter, dé-crivent un cercle plus ou moins grand.

Le même mouvement, *les épaules en dehors*, se fait par la combinaison des aides qui donne la rotation sur les hanches et ne diffère de celle-ci qu'en ce que les hanches, au lieu de rester en place, décrivent un cercle.

Toutes les figures de manége qu'on peut exécuter aux trois allures étant toujours composées de lignes droites et de lignes courbes à parcourir sur une ou sur deux pistes, nous nous croyons fondé à dire qu'elles s'obtiennent invariablement au moyen des deux combinaisons que nous avons indiquées, et nous pensons qu'il n'est pas indifférent d'appeler l'attention des instructeurs sur cette particularité *qui permet de rapporter à deux mouvements types (rotations) tous les exercices que comporte l'équitation militaire.*

### III

Lorsque les rênes se trouvent réunies dans la même main, cette main n'agit plus exactement comme si elle ne tenait qu'une seule rêne; car tantôt elle est forcée de remplacer la rêne *directe* par la rêne *diagonale*, tantôt la rêne de *traction* par la rêne de *pulsion;* mais le nombre des combinaisons types ne s'en trouve pas augmenté pour cela.

Pour le *pas*, le *trot* et le *reculer*, il n'y a absolument rien de changé. En effet, que les rênes soient séparées dans les deux mains ou réunies dans une seule, leur action combinée avec celle des deux jambes se produira toujours de la même manière.

La deuxième combinaison des aides, moins simple que lorsque les rênes sont séparées, n'en est pas moins également la même (surtout en ce qui concerne les jambes et le poids du corps) dans toutes les exigences du cavalier, autres que le pas, le trot et le reculer sur la ligne droite. Quant à la

main qui tient en même temps la rêne d'*opposition*
et la rêne de *direction* (*traction*), ne pouvant les faire
agir simultanément, elle les fait fonctionner alternativement, leurs effets se succédant sans à-coups,
suivant que le besoin s'en fait sentir. Cette manière
de se servir des rênes se produira dans tous les mouvements ; d'où il résulte que ce qui était vrai quand
le cavalier les tenait dans les deux mains, l'est encore lorsqu'il les tient d'une seule.

## IV

Le *départ au galop* résulte d'une combinaison à
peu près analogue à celle qui produit la demi-
hanche la tête au mur. Quoiqu'il y ait ici une différence essentielle à observer dans l'*intensité* relative
à donner à l'effet de chaque aide, le départ au galop
ne doit pas faire exception à la règle précédemment
posée ; toutefois, examinons-le, et, pour la facilité
de la démonstration, supposons toujours au cavalier
les rênes de la bride séparées dans les deux mains.

Dans la demi-hanche la tête au mur ( à main
droite), le cavalier se propose de faire tracer aux
membres postérieurs du cheval une piste en dedans
du manége et parallèle à celle que suivent les membres antérieurs, l'animal restant à peu près dans
les mêmes conditions d'équilibre. Le centre commun de gravité, au lieu de continuer à cheminer

d'arrière en avant, est dirigé de gauche à droite, et
les membres gauches du cheval sont forcés de chevaucher par dessus les membres droits. Le cavalier
porte le poids du corps sur la fesse droite, pour faciliter le changement de direction du centre commun de gravité ; il donne la position à son cheval
au moyen de la rêne et de la jambe gauches ; mais
l'opposition qu'il fait sur la rêne gauche, a simplement pour but de combattre la tendance du cheval
à se porter en avant au contact de la jambe gauche
qui range les hanches, et non de *retenir* l'épaule,
le membre gauche devant conserver la facilité de
chevaucher par dessus le droit. Le cavalier a en
outre l'attention de conserver le même degré d'action, sans concentrer davantage les forces de l'animal.

Dans le départ au galop à droite, le cavalier
donne également la position avec la rêne et la
jambe gauches, l'action avec la jambe droite et contient ou dirige les épaules avec la rêne droite ; mais,
pour alléger le côté droit, il porte le poids de son
corps à gauche ; pour permettre au bipède latéral
droit de dépasser le gauche, il retient ce dernier
par une opposition sur l'épaule gauche ; enfin, pour
favoriser l'enlever de l'avant-main, il soutient davantage les poignets et actionne le cheval afin de
produire une plus grande concentration de ses
forces ; en outre, le centre de gravité devant toujours

continuer à cheminer dans la direction primitive, la jambe gauche qui n'a pas à chasser la croupe en dedans, se combine plutôt avec la rêne droite qui est son régulateur, qu'avec la jambe gauche (effet diagonal). Il y a donc, malgré l'analogie qui existe entre la manière de combiner les aides pour les deux *positions*, une différence très-sensible dans l'*effet* que ces combinaisons doivent produire. Comme il y a là une question de tact, pour laisser à l'enseignement de l'équitation militaire sa plus grande simplicité, nous pensons qu'il faut ranger le départ au galop dans les mouvements produits par la deuxième combinaison des aides, quitte à prévenir l'élève, au moment de l'y exercer, de l'intensité particulière et relative qu'il doit donner à l'effet de chacune de ces aides pour disposer son cheval à partir sur l'un ou sur l'autre pied. On arrive très-facilement à faire saisir cette différence au cavalier déjà familiarisé avec l'action des agents de la conduite, lorsqu'il est arrivé à la leçon du galop, et l'on évite ainsi d'embarrasser inutilement sa mémoire par une troisième combinaison qui a une très-grande ressemblance avec la deuxième. Il y a d'ailleurs aussi quelques petites nuances à observer dans la manière de se servir des aides, suivant le mouvement qu'on veut produire par la deuxième combinaison, nuances que l'*écuyer* comprend et observe, mais qu'il est difficile de faire saisir au cavalier

vulgaire, montant un cheval imparfaitement dressé ;
il serait donc inutile, dans une théorie militaire, de
faire mention de ces subtilités. C'est ainsi qu'on
pourrait objecter par exemple que, dans la rotation
sur les épaules, le membre antérieur du dedans
chevauche par dessus celui du dehors, tandis que le
contraire a lieu dans la rotation sur les hanches et
dans la demi-hanche la tête au mur ; qu'il y a, par
conséquent, une différence à observer dans l'opposition à pratiquer sur l'épaule du dehors ; mais cette
objection, qui serait très-fondée s'il s'agissait d'un
travail de haute école où, pour la rotation sur les
épaules, le cheval *pivote* sur le membre extérieur,
tombe d'elle-même quand il est question d'un simple
*demi-tour* sur les épaules où le cavalier se contente
de faire tourner l'arrière-main du cheval autour des
membres antérieurs, sans que l'un ou l'autre soit
plus particulièrement tenu de rester en place. D'ailleurs ce qui pourrait arriver de pire, ce serait, dans
les mouvements sur les hanches, une opposition
trop forte sur l'épaule de dehors, et cet inconvénient
disparaît lorsque le cavalier tient ses deux rênes
*réunies dans la main gauche*, l'opposition ne pouvant
plus se produire alors qu'au moyen de la rêne *diagonale* ; mais, nous le répétons, ce sont là des subtilités qui ne sauraient trouver place dans une théorie
militaire.

# V

La deuxième combinaison des aides trouve également son application dans le *changement de pied* au galop, qui s'obtient, en arrivant à la nouvelle main [1], par un simple *changement de position* secondé par une inclinaison du corps du cavalier dans le sens de la nouvelle direction, et une légère augmentation d'action (pour éviter le ralentissement de l'allure au moment de produire le changement de position). Cet exercice est plus ou moins facile à pratiquer suivant le degré de perfection qu'on y exige.

Lorsqu'on se rend bien compte de la manière dont s'effectue l'allure du galop, on comprend que le changement de pied ne peut se produire que lorsque, après la troisième foulée, la masse du cheval se trouve suspendue en l'air [2]. Pour exécuter le changement de pied *du tact au tact*, il y a donc un moment précis que le cavalier doit saisir pour

[1] Il s'agit ici du changement de pied en changeant de direction, le seul qui soit à la portée des cavaliers militaires.

[2] Comme il nous semble suffisamment prouvé aujourd'hui que, dans le *premier* enlever au galop, c'est le membre postérieur de dedans (membre *droit* pour le galop sur le pied droit, *et vice versâ*), qui quitte le dernier la terre, nous ne saurions admettre la définition des auteurs qui considèrent le changement de pied comme « *un nouveau départ sans interruption de galop.* »

faire agir ses aides, sous peine de ne pouvoir être
obéi ; ce moment est indiqué par le membre antérieur qui, quittant le soutien, revient vers le sol
pour marquer la troisième foulée et produire une
détente qui renvoie la masse en l'air ; cette détente
est l'auxiliaire obligée de l'action des aides du cavalier ; on comprend dès lors que si les aides agissent
trop tôt ou trop tard, elles ne peuvent produire
l'effet demandé. C'est ce manque d'à-propos qui provoque de la part du cavalier inexpérimenté tous ces
mouvements de corps si disgracieux qui doivent
*forcer* l'animal à changer de pied et qui, en fin de
compte, aboutissent tout au plus à un renversement,
lorsqu'ils ne provoquent pas des défenses chez le
cheval.

Nous avons développé dans notre *Manuel* le mécanisme des aides dans le changement de pied *du tact
au tact* et ne le reproduirons donc pas ici ; mais nous
insisterons sur le savoir faire qu'il réclame chez le
cavalier, ainsi que le fini dans l'éducation du cheval,
afin qu'on se persuade bien qu'il ne saurait jamais
trouver place dans un règlement militaire, pas plus
que les savantes théories développées à cet effet
par certains écuyers.

Le changement de pied à la portée des moyens
équestres de l'immense majorité de nos cavaliers,
montés sur des chevaux dont le dressage est loin
d'être parfait, doit être, pour ainsi dire, *instinctif*

de la part du cheval et seulement favorisé par l'action des aides du cavalier dans un changement de
direction, alors que le cheval changerait de lui-même
s'il était en liberté ; ce changement de pied, ainsi
que nous venons de le dire, résultera d'un simple
changement de position. C'est donc le cheval qui
saisira « *le moment opportun* » et non pas le cavalier, dont le tact équestre n'est pas à la hauteur
d'une pareille difficulté. Si la nouvelle *position* donnée par le cavalier est bonne, et s'il a soin de laisser
à son cheval assez de liberté, celui-ci changera
instinctivement, et c'est là le seul changement de pied
à la portée du cavalier militaire. Quant à prescrire
à ce cavalier d'accorder l'action de ses aides sur les
foulées du cheval, de manière à agir sur telle rêne
*lorsque tel bipède pose à terre* ; à fermer telle jambe
lorsque *tel pied du cheval* est près d'*achever* son temps
de galop, etc., ainsi que nous en trouvons la recom-
mandation dans certains auteurs, c'est faire, selon
nous, preuve d'une entière incompétence en matière
d'instruction militaire.

# Iʳᵉ PARTIE.

## DRESSAGE DU CHEVAL DE TROUPE.

> « L'instruction des chevaux de remonte n'est
> « pas moins essentielle que celle des hommes,
> « et s'il me fallait opter sur la nécessité d'avoir,
> « dans un escadron, des recrues ou des chevaux
> « de remonte, je prendrais les premiers et refu-
> « serais les seconds. «
>
> ( Baron DE BOHAN. )

### 1° L'art. VIII de l'Ordonnance du 6 décembre 1829.

### I

Dans un ouvrage [1] publié l'année dernière, et qui n'est pas sans tirer une certaine importance de la position exceptionelle de son auteur, nous lisons le passage suivant : « Art. VIII. *Méthode pour dresser* « *les jeunes chevaux*. — Cet article, qui contient une « excellente méthode pour dresser les jeunes che- « vaux de troupe, pour les habituer à sauter les « différents obstacles, les habituer aux feux et aux

---

[1] *Nouveau Guide de l'Instructeur*, par M. Humbert, officier su- périeur, ancien capitaine-instructeur à l'École de cavalerie.

« bruits de guerre et les corriger de leurs vices
« et de leurs défenses, doit être sérieusement étu-
« dié. On ne peut mieux faire, *au besoin*, que de s'y
« conformer strictement, puisqu'*une* de nos célé-
« brités équestres a dit : « De tous les ouvrages qui
« traitent de l'équitation, l'*Ordonnance de cavalerie*,
« il faut bien le reconnaître, est incontestablement
« le meilleur. La division en est bonne, la progres-
« sion rationnelle et les principes vrais, etc. »

L'auteur de cet ouvrage, qui commente l'Ordonnance d'un bout à l'autre, et qui ne craint pas d'entrer dans les plus petits détails, lorsqu'il s'agit de
l'instruction des hommes de recrue, afin d'éclairer
les instructeurs et de les guider dans la rigoureuse application des principes, à moins qu'il ne considère
l'art. VIII comme la perfection même, semble n'accorder qu'une bien médiocre importance au dressage du cheval de troupe, car il se contente de
lui consacrer quelques lignes seulement, tandis
qu'il n'est pas un mouvement de l'Ordonnance qu'il
ne croie devoir accompagner d'un développement
plus ou moins étendu, de recommandations plus ou
moins pressantes.

De toute façon, l'écuyer, objet de l'allusion de
l'auteur, serait en droit de protester contre une
reproduction tronquée de sa pensée, qui le transforme en admirateur quand même de toutes les
prescriptions réglementaires ; car après avoir, en ef-

fet, approuvé la division, la progression et les principes de l'ordonnance, il a eu soin d'ajouter : «Mais,
« disons-le aussi, on y trouve des lacunes, cause
« irréfutable de la lenteur des progrès ; certains
« principes ne sont pas suffisamment développés
« et tombent par cela même dans le domaine de la
« libre interprétation. » (Guérin, *École du cavalier
au manége*, Saumur, 1851.)

Nous avons de fortes raisons pour croire que, loin
de professer une admiration profonde pour l'*excellente* méthode détaillée dans l'art. VIII, son insuffisance semblait telle à l'auteur de l'*École du cavalier
au manége*, que déjà, à l'époque où il publiait son
travail, il songeait sérieusement aux utiles modifications réclamées selon lui par cet article, et que, depuis, il a cru devoir proposer *in extenso* dans une
brochure[1] où il rompt ouvertement en visière avec
quelques-unes des pratiques surannées des derniers
représentants de l'ancienne école.

Notre intention n'est nullement de faire la critique de l'œuvre dont nous avons transcrit plus haut
*tout* ce qui y est relatif au dressage des jeunes chevaux ; nous laissons ce soin à de plus habiles que
nous ; mais nous ne pouvons nous empêcher de re-
gretter que l'auteur, qui n'a pas reculé devant une
tâche des plus ardues, et qui soumet l'ordonnance

---

[1] *Dressage du cheval de guerre*. Saumur, 1860.

4

complète à une analyse approfondie, dans le but
évident d'en rehausser l'incontestable mérite, ait cru
devoir exclure de son laborieux examen un des
chapitres les plus importants de ce règlement. On
aurait certainement accueilli avec empressement, et
nous aurions lu, pour notre part, avec un immense
intérêt, une défense *éclairée* des moyens de dressage,
tant controversés depuis une vingtaine d'années; car,
nous devons l'avouer, notre amour-propre d'homme
de cheval s'accommode médiocrement de toutes les
louanges prodiguées à une méthode que, comme
tant d'autres, nous avons été forcé d'abandonner,
faute d'en pouvoir tirer un parti convenable, et dont
nous avons hautement proclamé l'insuffisance.

C'eût été sans contredit faire une chose utile à
l'omnipotence du règlement, que de réhabiliter des
principes tombés en désuétude et de frapper au
cœur la critique qui, depuis si longtemps, s'attache
à les discréditer.

Quant à nous, qui n'avons jamais agi de parti
pris, mais toujours dans l'intérêt du progrès, nous
aurions été enchanté qu'on nous eût prouvé que
notre appréciation de la méthode de dressage pré-
conisée par l'ordonnance du 6 décembre 1829 fût
erronée. A défaut d'arguments susceptibles de nous
démontrer notre erreur, nous sommes naturellement autorisé à persister dans notre manière de voir
à l'endroit de ces principes, et nous y persistons

d'autant plus volontiers que, si nous avons été amené, dans le dressage du cheval de troupe, dont nous avons fait une étude approfondie, à adopter une marche qui diffère essentiellement de celle que prescrivent les règlements, c'est que l'*expérience* qui nous a conduit à le faire, et qui tôt ou tard fait justice des fausses théories, s'est également chargée de nous démontrer toute la justesse des nôtres.

## II

Nous avons cru devoir commencer ce chapitre, où nous nous proposons de parler de l'instruction des chevaux de remonte, par une citation empruntée à un ouvrage qui, grâce à la position de son auteur, acquiert un caractère semi-officiel, parce que l'opinion personnelle qui y est émise sur la valeur des principes contenus dans l'article VIII, et qui, si elle est juste, est la condamnation de la nôtre, se trouve appuyée d'un argument qui semble devoir prendre force de loi, tant il est fréquemment reproduit : « *Une célébrité équestre l'a dit !...* » Respect traditionnel pour les maîtres qui retient éternellement l'équitation dans l'ornière de la routine.

Nous croyons avoir suffisamment prouvé que la citation, à l'aide de laquelle l'auteur de l'ouvrage mentionné pense pouvoir se dispenser de tout examen de l'article VIII, manque d'à-propos. Mais, fût-

elle même l'expression fidèle de l'opinion d'un éminent homme de cheval sur la méthode de dressage
recommandée par le règlement, ce ne serait pas encore là un argument assez puissant pour faire accep-
ter cette sentence comme une parole d'évangile. Nous
le répétons : l'auteur de l'*École du cavalier au manége*,
d'accord avec nos premières autorités en matière
d'équitation, condamne cette méthode ; c'est pour
nous une raison de plus d'insister sur la nécessité d'y
apporter des améliorations, ou plutôt de chercher
à la remplacer, ce qui, avec les éléments que nous
possédons aujourd'hui, doit être une chose facile.

Que la méthode détaillée dans l'art. VIII de l'ordonnance de cavalerie soit suffisante ou non ( question que nous examinerons plus loin), ce qui reste
un fait acquis, irréfragable, c'est que l'instruction
de nos chevaux de troupe laisse immensément à
désirer, et qu'il y a là non-seulement une cause incessante de fatigue, de ruine prématurée, mais encore un obstacle sérieux à tout progrès en matière
d'instruction équestre.

Qu'il nous soit permis de dire, en passant, que
l'opinion erronée qu'*un cheval qui se laisse monter
finit par se dresser tout seul*, opinion rapportée d'A-
frique par beaucoup de nos officiers, a énormément
contribué à faire négliger le dressage du cheval de
troupe, cette partie si importante de notre instruction de détail.

Le cheval d'Afrique est un animal exceptionnel : petit, intelligent, d'une grande douceur et naturellement très-souple, il a été en outre monté dès son plus jeune âge ; il ne saurait donc être comparé à nos chevaux français et particulièrement à ceux du nord, qui, généralement lourds, massifs et peu intelligents, sont d'autant plus roides, plus contractés, qu'ils ont presque tous été attelés ou employés à des travaux de force : ces chevaux, beaucoup moins dociles que le cheval arabe et d'une conformation moins heureuse, n'ont, de plus, jamais été montés. Ainsi, d'un côté, tout est fait, tandis que de l'autre tout est à faire. C'est ce qui explique en partie ces théories si divergentes proposées pour dresser des jeunes chevaux de troupe, et pourquoi les moyens prescrits par l'ordonnance semblent plus que suffisants aux uns, tandis qu'ils sont considérés comme tout à fait impuissants par d'autres.

La cavalerie légère se remontant principalement dans le midi de la France, ses chevaux, qui, par leurs qualités, se rapprochent beaucoup de la race arabe, doivent naturellement se dresser beaucoup plus facilement et bien plus vite que ceux de la cavalerie de ligne et surtout que les chevaux de grosse cavalerie. Un dressage appliqué à la nature de ces derniers pourra donc convenir aux premiers ; mais la réciproque ne serait nullement vraie ; c'est ce qu'il importe avant tout de ne pas perdre de vue.

## III

L'animal qui manque de souplesse, *qui ne coule pas dans les aides*, ne cède qu'à la force. L'instantanéité d'exécution, réclamée par la brièveté des commandements militaires, transforme dès lors la conduite du cheval en une succession d'à-coup plus ou moins violents, qui, comprimant douloureusement les articulations, font naître des tares, usent les ressorts, détraquent la machine et mettent promptement hors de service l'animal le plus vigoureux. Nous invoquons à ce sujet l'opinion du capitaine *Nolan*, fort compétent en cette matière[1] : « L'effet « continuel de la main sur la bouche, nous dit l'auteur « anglais, l'habitude d'asservir les chevaux par la « force du poignet, l'action de scier du bridon, toutes « les pratiques usitées dans l'armée, accoutument les « chevaux à être lourds à la main, les rendent in-« sensibles au mors et leur ruinent prématurément « les jarrets. »

Tenter de faire exécuter au cheval un travail de manége, de carrousel, ou un travail individuel quelconque, avant qu'il ait appris à obéir régulièrement aux aides, c'est vouloir provoquer ses résistances, l'user ou le rendre rétif. De pareils exercices

---

[1] *Histoire et tactique de la cavalerie.*

contribueraient nécessairement à achever l'œuvre de destruction commencée par un dressage inintelligent et continuée par le travail d'ensemble exécuté par des chevaux imparfaitement dressés.

Indépendamment de la question d'*économie,* « les « chevaux étant mieux dressés seraient infiniment « plus dociles ; ils seraient plus confiants, plus solides « et plus agréables ; le cavalier deviendrait plus sûr, « plus confiant et plus tranquille sur son cheval, que « lorsque, par son ignorance et celle de sa monture, « ils sont continuellement en contradiction [1]. »

Outre la fatigue qui en résulterait pour les chevaux, comment espérer le moindre succès dans un travail d'équitation si, d'une part, le cheval est impuissant à répondre à l'action des aides, et que, d'une autre, le cavalier ignore la manière de s'en servir ? N'est-ce pas vouloir mettre en opposition constante deux volontés contraires, où la victoire appartiendra toujours au plus fort ? Si c'est le cheval qui l'emporte, le cavalier abdique toute domination sur lui ; si c'est au contraire le cavalier qui est vainqueur, il n'a puisé dans son succès éphémère que des notions fausses et pernicieuses. De toute façon, le but du travail se trouve entièrement manqué.

---

[1] Levaillant de Saint-Denis, *Opuscules sur l'Équitation.*

## IV

Chercher à perfectionner l'instruction individuelle des hommes, sans améliorer également le
dressage des chevaux, serait s'exposer à faire fausse
route. Ce serait vouloir retomber dans une erreur,
qui déjà une fois a eu de bien regrettables consé-
quences, et qu'il n'est peut-être pas hors de propos
de rappeler ici.

Après la paix de 1763, on avait fait entendre au
gouvernement de Louis XV que le vice capital de
notre cavalerie gisait dans son défaut d'instruction
et le manque d'émulation dans ses cadres subalternes; qu'il fallait apprendre aux cavaliers à manier
leurs chevaux avant de vouloir faire manœuvrer des
escadrons; bref, qu'il était urgent de changer le système d'instruction en vigueur, pour mettre notre
cavalerie à la hauteur des progrès réalisés dans les
cavaleries étrangères, notamment dans celle du
grand Frédéric. On s'empressa de construire des
manéges, on recruta des professeurs, on créa des
encouragements pour les instructeurs subalternes,
et, passant d'un extrême à l'autre, on s'imagina
d'enfermer entre quatre murs et pendant des années
entières toute la cavalerie française, sous prétexte de
faire un écuyer de chaque homme de troupe.

Ce déplorable engouement pour une équitation qui n'avait rien de militaire et qui ne devait aboutir qu'à la destruction totale de tous nos chevaux, a fait jeter avec raison des hauts cris à beaucoup de généraux de l'époque et a particulièrement excité la mauvaise humeur de M. *de Guibert,* dont les écrits, quoique pleins d'exagération et dénotant un manque évident de compétence en matière d'équitation, n'ont pas moins contribué à calmer cette fâcheuse effervescence équestre ; malheureusement il était trop tard. « Il faut beaucoup de temps pour faire un bon « cavalier, s'écrie l'auteur de l'*Essai général de tac-« tique*, dans le complément de cet ouvrage, publié « en 1773. Ce que j'entends par un bon cavalier, ce « n'est point un homme exercé à manier son cheval «avec grâce et adresse ; ce n'est point un écuyer, « c'est un homme robuste, placé à cheval, ainsi qu'il « doit l'être relativement à la structure de son corps « et à la facilité la plus grande de le gouverner, le « gouvernant et le dirigeant à son gré; *mais plutôt* « *par l'éperon et le poignet*, plutôt par son étreinte et « son assiette vigoureuse que par les aides et toutes « les finesses de l'équitation; c'est un homme intré-« pide à cheval, et qui, *moins instruit que brave,* « n'imagine rien d'impossible pour son cheval et « pour lui. . . . . . . . . . . . . . . . . . . . . . . . .

« Je ne puis croire que ce soit d'une main ou « d'une jambe placée de telle ou telle façon que

« dépend entièrement la conduite du cheval......

« Maintenant, messieurs les instructeurs, vous
« prétendez que l'équitation est la base indispensable
« de cette instruction; portez ailleurs votre lente
« méthode, votre bonne grâce, votre théorie raffinée;
« elles peuvent être le fruit de beaucoup de médi-
« tations, mais je ne m'en servirai pas, car je veux
« des cavaliers et non pas des écuyers... »

Le savant général (d'infanterie) continue sa véhé-
mente sortie contre le système d'instruction de
l'époque, en s'élevant avec non moins d'énergie
contre l'emploi des troupes légères, contre le développement donné à l'artillerie, etc., etc.

Il n'est pas nécessaire de relever les nombreuses
erreurs et les contradictions qui se trouvent dans les
quelques lignes que nous venons de reproduire; il
suffit de citer ces passages entre mille pour démontrer que le savant auteur de l'*Essai général de tactique*,
« en formant le canevas d'un ouvrage immense,
s'est trouvé obligé de parler d'une infinité de détails
sur lesquels il n'avait pas même les connaissances
préliminaires. » Mais si M. *de Guibert* nous prouve
qu'il n'était point cavalier, encore moins écuyer, si
le remède qu'il propose est pire que le mal, il nous
prouve aussi qu'il avait compris qu'on était entré
dans une voie déplorable qui devait conduire infailliblement à la destruction de notre cavalerie. Ses
théories, d'ailleurs, toutes fausses qu'elles étaient,

ont eu de nombreux et chauds partisans, et de nos jours encore, il n'est pas rare d'entendre certaines gens qui, pour une raison ou pour une autre, s'opposent systématiquement à tout perfectionnement de la cavalerie *basé sur les progrès de l'équitation*, vous conseiller sérieusement de lire et de méditer *de Guibert*.

M. *de Guibert* avait prévu et prédit les résultats que devaient produire les essais de réformes tentées sous le ministère de M. *de Choiseul;* mais il ne s'était pas rendu compte des véritables causes qui empêchaient les bonnes intentions du ministre de Louis XV d'atteindre leur but. Ces causes méritent la peine d'être examinées, aujourd'hui qu'il s'agit de nouveau d'introduire des perfectionnements dans la cavalerie.

Les dernières années du règne de Louis XIV avaient plongé la nation dans le découragement; cet état de prostration, qui avait gagné l'armée, se prolongea pendant tout le règne suivant. La cavalerie, enchaînée par les vices de sa constitution, était restée dans une ignorance profonde, pendant que les cavaleries étrangères et particulièrement la cavalerie prussienne qui avait fait des prodiges pendant la guerre de Sept-ans, avaient progressé d'une manière très-sensible.

Cette infériorité marquée n'échappa point à l'œil clairvoyant de M. *de Choiseul*, et il ne recula pas devant une œuvre capitale mais périlleuse, qui devait immortaliser son nom. Grâce à son génie et à son courage (car il en fallait pour lutter contre tant de préjugés et attaquer de front tant d'intérêts divers), il dota l'armée d'une constitution nouvelle et donna à la cavalerie une organisation plus régulière, qui, dès lors, lui permit de marcher dans la voie du progrès. On comprit alors, comme on le comprend aujourd'hui, que la première qualité de la cavalerie réside dans sa mobilité; on reconnut de même que, pour mobiliser le tout, il fallait commencer par mobiliser la partie. On créa des établissements, on forma des instructeurs, on excita l'émulation, pour perfectionner l'équitation, considérée avec raison, n'en déplaise aux partisans des doctrines de M. *de Guibert*, comme la base de l'instruction de la cavalerie. Mais ici commence l'erreur. Passant d'un extrême à l'autre, on déploya une activité telle et si mal entendue, que promptement on eût dépassé le but, non sans qu'il en fût malheureusement résulté un dommage immense pour la cavalerie qu'on avait voulu relever. En peu d'années, les chevaux étaient ruinés; les instructeurs dont on avait fait des écuyers, trouvant plus d'avantages à pratiquer leur savoir en dehors de l'armée, se retiraient du service dès qu'ils le pouvaient, et les cavaliers étaient successivement congédiés au moment où leur instruction venait à peine d'être terminée. On reconnut, mais un peu tard, le

vice de ces nouvelles institutions, et on les supprima
en partie.

Si M. *de Choiseul*, en indiquant le but, s'est égaré
dans l'application du principe, cela tenait à ce que
*les nouvelles méthodes d'instruction n'avaient été ni assez
étudiées ni assez pratiquées avant d'avoir été généralisées.*
On ne s'est aperçu de leurs imperfections que par
leurs résultats déplorables, alors qu'il était trop tard
pour y remédier.

En fait d'instruction, on n'arrive que graduelle-
ment à tout le bien désirable; les méthodes, quelque bonnes qu'elles soient, ne le sont jamais que
relativement; des expériences comparatives et contradictoires peuvent seules décider de leur valeur.
Ainsi, le grand tort du système d'instruction de M. *de
Choiseul* est d'avoir été pratiqué avec acharnement
dans toute l'armée avant d'avoir été suffisamment
élucidé par des essais préliminaires. Ce qui est arrivé
sous le règne de Louis XV arriverait encore aujour-
d'hui, si l'on ne savait tirer parti de cette cruelle
expérience; et cela arriverait d'autant plus sûrement
que, aujourd'hui comme alors, le monde équestre
se trouve divisé en plusieurs camps, qu'il y a pluralité de principes, pluralité d'écoles.

Ainsi, si l'on avait suffisamment étudié le système
alors nouveau, on se fût épargné de tardifs regrets,
car ce système péchait par la base : il n'était point
rationnel. En effet, comment ne pas admettre que

c'est vouloir ruiner un cheval imparfaitement dressé, comme le sont en général nos chevaux de troupe, que de le faire travailler aux allures raccourcies, monté par un cavalier qui ignore l'action judicieuse des aides ? De quelle manière le cavalier transmettra-t-il sa volonté à sa monture, et comment celle-ci répondra-t-elle aux exigences de son cavalier ? Contrainte et douleur, à-coup sans nombre suivis d'usure, voilà de quelle manière pouvait se résumer cette instruction ; aussi ne doit-on pas être surpris des résultats qu'elle a donnés. Ces résultats *et les causes qui les ont produits* doivent être sérieusement médités, aujourd'hui surtout que le besoin de perfectionner l'arme de la cavalerie se fait de nouveau vivement sentir. Les mêmes causes produiraient nécessairement les mêmes effets.

Qu'on se persuade bien que la question du dressage du cheval n'est pas une affaire de simple routine. Un cavalier vigoureux, ainsi que le comprenait **M.** *de Guibert,* peut réduire un cheval par la force en fort peu de temps ; pense-t-on que ce cheval est dressé, parce que, redoutant la douleur du mors et des éperons (qu'il ne connaît que trop bien), il se soumet à l'obéissance ? Un cavalier moins vigoureux que le précédent y mettra plus de temps, le cheval recevra tout autant d'à-coup et le résultat final sera le **même.** « L'éducation du cheval se résumera-t-elle toujours pour nous dans une série de mouvements répétés à satiété, jusqu'à ce que la routine, aidée de quelque peu d'usure, fasse, à force de temps, un animal hébété et disgracieux, qu'on dira dressé parce qu'il ne lui restera plus assez de force pour se défendre?»

D'un autre côté, qu'on le sache bien, de même qu'on ne saurait apprendre sa langue et former son style en étudiant dans des livres incorrects, on ne peut devenir cavalier qu'en montant d'abord des chevaux *dressés*, c'est-à-dire entièrement soumis à l'action régulière des aides. L'équitation instinctive des peuples cavaliers, pratiquée par nos hommes qui ne commencent à monter à cheval qu'après avoir tiré à la conscription, est une absurdité. D'autre part, pour dresser des chevaux sans les fatiguer, sans les user prématurément, il faut des cavaliers adroits et des instructeurs intelligents.

Quant à vouloir dans l'armée faire dresser sans besoin l'homme et le cheval *l'un par l'autre*, ce serait une mauvaise plaisanterie ou tout au moins un rêve irréalisable.

Si les hommes de recrue et les chevaux de remonte arrivaient ensemble et en égal nombre dans les corps; si l'on pouvait compter sur le zèle et les capacités de tous les instructeurs; si l'instruction des régiments n'était pas subordonnée à des questions de temps, de localités et de service, il y aurait un avantage immense à faire marcher de front l'instruction de l'homme et celle du cheval, à les faire dresser l'un par l'autre ; mais il n'en est malheureusement point ainsi ; un semblable système d'enseignement pécherait donc par la base, sans parler de son côté peu pratique.

Les perfectionnements doivent dès lors porter, d'une part, sur l'instruction de l'homme avec des chevaux dressés, et, d'une autre, sur le dressage du cheval par des hommes instruits ; la *conservation de la cavalerie est à ce prix.*

## V

Revenons à l'article VIII, dont une trop longue digression nous a éloigné.

La commission de 1825, chargée de reviser l'ordonnance provisoire du 1er vendémiaire an XIII, a cru devoir adopter sans restriction la méthode vague et indéterminée prescrite par cette ordonnance, pour le dressage des jeunes chevaux, se contentant, — ce qui était un progrès, il faut le dire — de restreindre l'usage de la longe à trotter. Or, les rédacteurs de l'ordonnance provisoire avaient déjà usé de la même délicatesse vis-à-vis de leurs prédécesseurs de 1788. Ceux-ci imitant *le* rédacteur du règlement de 1766, qui avait trouvé une ordonnance toute faite dans les cahiers du *duc de Melfort,* et ayant à *créer* une instruction pour le dressage des chevaux de troupe, ne crurent pouvoir mieux faire que d'adopter en bloc les principes de *d'Auvergne*, développés par le baron *de Bohan*, son élève, dans son *Examen critique du militaire français*, publié en 1781. C'est ainsi que les seuls moyens réglementaires de dressage, dans la cavalerie, remontent à près de cent ans, et que l'équitation militaire, sous le rapport de l'éducation du cheval, est restée seule étrangère à tout progrès.

L'équitation de M. *de Bohan*, quoiqu'elle eût beaucoup de dissidents parmi les écuyers de l'époque, particulièrement parmi ceux de l'*école de Versailles*, n'en fut pas moins celle qui convenait le mieux pour réparer autant que possible le mal occasionné par l'abus immodéré des allures raccourcies et les travaux de manége fatigants pratiqués dans la cavalerie française depuis les succès de *Frédéric* dans sa campagne de 1755. C'était une équitation conservatrice du cheval, très-obscure dans ses préceptes, mais néanmoins facile dans son application, *quand on avait du temps devant soi;* la tactique d'alors pouvait s'en contenter. Les rédacteurs de l'ordonnance de 1788 ont donc sagement agi en lui donnant la préférence sur des méthodes plus savantes ou moins appropriées aux besoins des troupes à cheval; mais ils ont eu le tort immense, suivant nous, de vouloir tirer une méthode *abrégée* d'un ouvrage qui ne s'y prêtait nullement.

Dès le principe, cette méthode tronquée, incomplète, a soulevé de nombreuses réclamations; mais les complications politiques et militaires qui se sont succédé presque sans interruption à la fin du siècle dernier et au commencement de celui-ci, n'ont pas permis d'y apporter les améliorations qu'elle pouvait demander dès son origine, et pour lesquelles les éléments n'auraient point fait défaut.

Que les rédacteurs de l'ordonnance provisoire aient cru devoir conserver cette méthode telle quelle, cela se conçoit jusqu'à un certain point; mais on a tout lieu de s'étonner que la commission de 1825, qui a pris tout son temps pour reviser le règlement, n'ait pas jugé convenable de le modifier.

Cette commission, selon nous, est partie d'un principe entièrement faux : elle a pensé qu'il suffisait que le cheval, se laissant monter, fût rompu aux exercices prescrits uniquement pour l'instruction des hommes. Elle lui supposait donc une intelligence qui lui manque et à l'absence de laquelle l'emploi *raisonné* des aides peut seul suppléer.

Il est évident que les exercices de l'ordonnance répétés à satiété finissent par donner un semblant de souplesse au cheval, et l'habituent, à force de temps, à se laisser guider par le cavalier ; mais un cheval de guerre n'est pas dressé parce qu'il se laisse monter et *guider ;* il faut, en outre, que le cavalier arrive à le *dominer*, sans que cette domination fatigue les organes. Cette opinion a été exprimée de tous temps et sous bien des formes par nos écuyers militaires les plus renommés. Qu'il nous soit permis, à ce sujet, de laisser parler *Gaspard Saunier,* dont l'avis en pareille matière nous semble digne d'attention :

« Il est nécessaire, dit l'auteur de l'*Art de la cavalerie*, « qu'un cheval de guerre et de combat entende bien « les aides, car plus il les entendra, plus le cavalier « qui est dessus aura l'avantage sur son ennemi, soit « dans une bataille, soit dans un combat particulier. « Mais aujourd'hui la mollesse règne parmi les jeunes « gens ; ils pensent que, pour peu qu'ils puissent se « tenir sur un cheval qui va droit son chemin, sans « tomber, que cela, dis-je, leur doit suffire. Mais je « voudrais bien voir comment tous ces messieurs les « petits-maîtres dans un jour d'action se tireraient « d'affaire. Je laisse à part leur bravoure et même « leur intrépidité contre la mort ; je parle même de « ceux qui seraient prêts à sacrifier leur vie, tant pour « leur honneur que pour leur patrie : je dis qu'il ne « suffit pas de la sacrifier imprudemment, mais qu'il « faut surtout la conserver dans des rencontres, pour « se trouver en état d'être utile à son souverain et à « la patrie. Cela peut arriver souvent lorsqu'on est « bon homme de cheval. Je parle ici pour avoir vu « que de braves gens se sont fait tuer faute de savoir « gouverner leur cheval ; ce n'était point certaine- « ment alors faute de courage. » Cette citation, sous certains rapports, ne semble-t-elle pas une actualité ?

Comme les exercices détaillés dans l'*école du cava-*

5.

*lier* n'ont pas été créés dans le but de servir au dressage du cheval, ils ne sont point *progressifs* et ne découlent pas les uns des autres; ils ne sauraient donc, sans occasionner de la fatigue, donner une certaine souplesse au cheval qu'à la condition qu'on y consacrerait un temps très-long. Écoutez plutôt M. *de Bohan* : « Selon la méthode que je « propose, les chevaux auront à peu près DIX-HUIT « MOIS pour arriver au point où nous sommes (la fin « du dressage), qui est assurément un temps bien suf- « fisant pour ne rien brusquer ni forcer la nature. » (*Instruction des chevaux de remonte.*)

Dix-huit mois ! qu'on le remarque bien : il faut dix-huit mois pour dresser un cheval avec les moyens enseignés par M. *de Bohan* et adoptés par les rédacteurs de l'ordonnance, si l'on ne veut s'exposer à forcer la nature ! Qu'on juge donc du résultat d'un dressage obtenu par un *abrégé* de cette méthode, lorsque, comme il arrive fréquemment de nos jours, on laisse à un capitaine instructeur deux mois, et quelquefois beaucoup moins, pour conduire ses chevaux de remonte à l'école de l'escadron.

Dans un cas de presse, il arrive donc forcément de deux choses l'une : ou le dressage reste incomplet, ce qui, d'une part, paralyse singulièrement l'efficacité individuelle des cavaliers, et, d'une autre, contribue puissamment à abréger la durée des services du cheval (ainsi que cela arrivait sous le premier

Empire, où tant d'autres causes de destruction ont fait passer inaperçues celles qui gisaient dans l'insuffisance du dressage des chevaux); ou bien le dressage répond aux exigences de la guerre sous le rapport de la docilité et de la souplesse du cheval, et alors, comme cette docilité et cette souplesse n'ont été obtenues que par la force, l'animal est à moitié ruiné avant d'avoir rendu aucun service. Il n'en saurait être autrement.

Ainsi, sous le rapport de l'instruction de la cavalerie, aussi bien que sous celui de l'*économie* pour le budget, la méthode de dressage recommandée par l'ordonnance a cessé d'être en rapport avec les besoins de l'armée.

L'absence de toute base fixe et raisonnée, qui caractérise d'ailleurs l'école où s'est inspirée l'ordonnance, a suggéré naguère à un de nos écrivains militaires les plus entendus en matière d'instruction les réflexions suivantes : « Là où il n'existe pas de « règle générale, toute méthode devient impossible. « Comment qualifier, en effet, un système qui ne « repose que sur une quantité innombrable de cas « particuliers? Lui donnera-t-on le nom de mé- « thode? Qu'est-ce donc qu'une méthode, sinon la « marche régulière et assurée d'un problème vers « la solution obligée ? Ainsi, lorsque après les étu- « des les plus profondes et les plus variées, lorsque « après les travaux d'observation les plus patients

« et les plus complets, vous verrez, chaque jour, à
« chaque pas, surgir devant vous des péripéties
« toujours soudaines et des dénouements toujours
« imprévus, direz-vous que vous avez une méthode?
« Prenez garde, toute méthode a une fin, et votre
« système n'en a pas[1]. »

En effet, le système de dressage exposé dans
l'art. VIII n'a pas de fin, et l'ordonnance semble
l'avoir si bien compris, qu'elle n'a point jugé devoir
en indiquer la durée.

## 2° Examen critique du dressage réglementaire.

### I

Pour bien se rendre compte de l'impuissance qui
caractérise la routine du dressage réglementaire, il
faut savoir que le jeune cheval qu'on monte pour la
première fois, dont les conditions naturelles de
pondération et de mouvement se trouvent entièrement altérées; chez lequel cent raisons concourent
à provoquer des contractions étrangères aux fonctions habituelles de la machine animale et, par
suite, à en rompre l'équilibre; il faut savoir, disons-

1 A, Delard, *Spectateur militaire*.

nous, que ce cheval se trouve non-seulement (vu sa roideur et son manque d'adresse) dans l'impuissance de répondre aux exigences de son cavalier, mais surtout qu'il lui est absolument impossible de deviner les intentions de celui-ci.

Ainsi que nous l'avons déjà dit, le cavalier ne peut se faire comprendre du cheval, ne peut arriver à son intelligence, que par certaines *combinaisons* des aides, *qui placent d'avance la machine animale dans les conditions dynamiques et de pondération les plus favorables à l'exécution sollicitée*, et rendent ainsi tout autre mouvement plus difficile. Les barrières que les forces du cheval rencontrent partout, hormis sur la direction que le cavalier désire qu'elles prennent, décident naturellement l'animal à en disposer suivant la volonté du cavalier.

Il s'établit par le moyen de ces combinaisons, entre le cavalier et sa monture, une conversation muette qui, en peu de temps, amène entre eux une complète entente. Cette entente assurée, il ne reste plus qu'à soumettre le cheval à une série *progressive* d'exercices qui, donnant la souplesse et l'adresse, lui permettront de reconstituer *de lui-même*, dans toutes les attitudes qui lui seront imposées, son équilibre rompu; ce qui lui rendra l'obéissance facile et, loin d'affaiblir sa constitution, contribuera à en augmenter la puissance.

C'est donc à l'aide d'un langage particulier, du

*5

langage des aides, que le cavalier se fait comprendre
du cheval ; n'est-ce pas dès lors commettre une imprudence ou tout au moins une singulière inconsé-
quence, que de monter sur un cheval et de prétendre
le conduire sans même s'être donné la peine de l'ini-
tier aux premiers éléments de ce langage tout nouveau pour lui ? n'est-ce pas s'exposer à provoquer ses
résistances, que de vouloir l'obliger à céder à l'action *combinée* des aides, sans lui avoir appris à obéir
d'abord à leur effet *isolé* avant de le monter ?

Il est vrai que l'ordonnance, après avoir placé le
cavalier en selle, lui recommande de faire connaître
au cheval l'effet des rênes « en les ouvrant franchement et sans à-coup, » et, l'effet des jambes, en se
servant de deux gaules appliquées derrière les sangles, si l'animal ne se porte pas en avant à la pression des jambes. Elle lui prescrit aussi d'apprendre
au cheval à tourner, en ouvrant franchement une
rêne et en fermant la jambe du même côté, et, « le
*mouvement presque fini*, de diminuer l'effet de la rêne
et de la jambe en soutenant de la rêne et de la jambe
opposées. Quant au *pourquoi*[1], au *principe*, il n'en
est nullement question. Et si le cheval refuse de se
tenir en place ? s'il se précipite en avant ou s'il

---

[1] « Le tort des théories existe dans leur sécheresse ; le pourquoi
« semblerait ne pas leur appartenir, et ce pourquoi est cependant
« l'âme de notre action. » (Général DE BRACK , *Avant-postes de ca-*
*valerie légère.*)

s'accule malgré le cavalier? comment le contenir puisqu'il ne connaît encore ni la main ni les jambes? et s'il s'appuie sur la jambe au lieu de la fuir! s'il résiste à l'action de la rêne au lieu d'y céder? si, par-dessus tout, le cheval, impatienté par les effets souvent désordonnés de rênes et de jambes (qu'il ne comprend pas), cherche à se débarrasser de son maladroit cavalier, comment celui-ci arrivera-t-il à s'entendre avec lui? L'ordonnance ne paraît pas s'en préoccuper; elle compte sur la routine et au besoin sur l'aide du caveçon et de la chambrière, qui mettront, le cas échéant, bon ordre à toute résistance.

La méthode réglementaire semble avoir toutefois comme l'intuition du parti qu'on pourrait tirer d'un *travail préparatoire à pied*, car elle prescrit au cavalier de mettre pied à terre pour commencer à exercer le cheval au *reculer;* mais elle prouve en même temps combien les rédacteurs de l'article VIII ont été peu soucieux d'accorder leurs moyens de dressage avec les principes de physiologie les plus élémentaires; car elle recommande, si l'action de la main ne suffit pas pour décider le cheval à reculer, de le toucher avec la gaule sur les « JAMBES *de devant*, » ignorant ou oubliant sans doute que la masse ne saurait se déplacer en arrière qu'après l'enlever de l'un des membres *postérieurs*, et, qu'en obligeant le cheval à lever un pied de devant au mo-

ment où la main agit, on immobilise davantage encore ceux de derrière ! L'ordonnance ajoute, il est vrai, qu'il est superflu d'obliger le cheval à reculer droit !... Elle est en cela en contradiction formelle avec le doyen des classiques, M. *de la Guérinière*, héritier des principes (sinon de la manière de procéder) de *La Broue*, de *Newcastle* et surtout de *Pluvinel*, dont les idées saines et justes, suivant une illustration contemporaine, « pourraient servir de base à toutes les équitations présentes et futures. » Si nous ne partageons pas tout à fait cette manière de voir, au moins en ce qui concerne le *reculer* sommes-nous entièrement de l'avis de l'éminent homme de cheval. Mais laissons parler M. *de la Guérinière* :
« Pour reculer un cheval dans les règles, dit-il, il
« faut, à chaque pas qu'il fait en arrière, le tenir
« prêt à reprendre en avant ; car c'est un grand dé-
« faut de reculer trop vite : le cheval, précipitant
« ainsi ses forces en arrière, pourrait s'acculer et
« même faire une pointe en danger de se renverser,
« surtout s'il a les reins faibles. *Il faut encore qu'il*
« *recule droit sans se traverser*, afin de plier les han-
« ches également sous lui en reculant. » La nouvelle école ne comprend pas autrement le reculer.

Quant au *ramener*, cette position de tête et d'encolure qui gouverne pour ainsi dire tous les mouvements du cheval, ou, mieux encore, qui donne la juste mesure de l'harmonie qui existe dans toutes

ses forces ; le *ramener*, qui, depuis les temps les plus
reculés, a été l'objet de la préoccupation de toutes
les méthodes et de tous les systèmes de dressage,
l'ordonnance n'en fait pas la plus petite mention; la
position à donner à la tête du cheval pour lui faire
recevoir régulièrement les effets du mors lui importe fort peu ; le mot de *ramener* n'y est pas pro-
noncé.

## II

Comme nous n'avons pas ici à nous occuper de
science équestre proprement dite, nous ne saurions,
sans allonger cet opuscule outre mesure et sortir
des limites que nous nous sommes tracées, péné-
trer au cœur même de la question et présenter une
analyse complète du dressage réglementaire. Qu'il
nous soit permis toutefois de relever encore quelques-unes des trop nombreuses imperfections qu'il
contient.

La leçon du *galop*, la plus difficile sans contredit
de toutes celles qu'on ait à donner au jeune cheval,
et l'une des plus importantes, se trouve traitée en
quelques mots seulement, de la manière suivante:
après avoir exercé les chevaux au trot *allongé*, « on
« leur fait faire un ou deux tours au plus au galop,
« *seulement pour leur donner la première connaissance*
« *de cette allure,* essayer leur force et augmenter

« leur souplesse, *sans s'inquiéter s'ils sont justes au*
« *départ.* »

Après avoir lu ces quelques lignes, qui n'ont rapport qu'au dressage *en bridon,* on s'attend naturellement, ayant donné à l'animal cette première connaissance du galop (allure qui, paraît-il, lui était
jusque-là inconnue) et ne lui ayant nullement appris à partir juste par l'effet et l'accord des aides,
on s'attend, disons-nous, à trouver la leçon du galop, avec toutes les observations et les recommandations qu'elle nécessite, soigneusement développée
dans les chapitres suivants ; mais c'est bien en vain
qu'on l'y cherche ; il n'en est plus question nulle
part [1].

Ainsi, le cheval, après avoir été allongé outre
mesure au trot, prend instinctivement le galop ; on
lui laisse faire un ou deux tours au plus à chaque
main, *à faux ou désuni,* seulement pour lui permettre
d'essayer ses forces et pour « augmenter sa souplesse, » et son instruction sur ce point ne laisse
plus rien à désirer ! Il ne reste plus « qu'à lui ap-

---

[1] Ceci s'explique jusqu'à un certain point : l'ordonnance provisoire
du 1ᵉʳ vendémiaire an XIII n'enseignait le galop « qu'aux sous-offi-
« ciers et aux cavaliers destinés à les remplacer, » et, par exten-
sion, « aux chasseurs et aux hussards, qui, par leur institution,
« étaient susceptibles d'être employés en tirailleurs. » (Art. 318.)
La commission de 1825, en généralisant l'enseignement du galop,
n'aurait-elle pas dû en tenir compte dans la méthode qu'elle a adoptée
pour le dressage du cheval de troupe ?

prendre à faire quelques pas de côté, » pour que son dressage en bridon soit entièrement terminé.

Il a fallu plus de six mois, conformément aux recommandations de M. *de Bohan*, pour arriver à ce brillant résultat. On fait alors répéter au cheval *bridé* tout le travail qu'il a fait en bridon. Or, ce n'est là ni plus ni moins qu'une nouvelle éducation à lui donner; car personne n'ignore que le bridon, qui agit sur la commissure des lèvres, fait tourner le cheval avec la rêne du *dedans*, tandis que la bride, qui produit son effet sur les barres, prétend au contraire le faire tourner avec la rêne du *dehors*. Il est vrai que l'ordonnance (qui ne connaît pas le ramener) se préoccupe fort peu de ce que ses chevaux tournent à droite avec la tête et l'encolure tournées à gauche et *vice versâ*; elle s'en préoccupe d'autant moins qu'elle semble ignorer qu'en faisant tourner ses chevaux *par les hanches* (au moyen d'une action vigoureuse de la jambe du dedans, lorsque le cheval hésite à répondre à l'effet faux *et contraire* de la main de la bride), elle jette les premiers germes d'une usure qui, promptement, les conduira à la réforme; car personne ne saurait nier que la ruine avant terme de nos meilleurs chevaux ne soit occasionnée par les effets pernicieux du mors de la bride manié par des poignets inhabiles. Or, il appartiendrait à l'ordonnance et en particulier à l'article VIII de développer les moyens susceptibles de parer

sûrement à un aussi grave inconvénient. Un de ces
moyens, entre autres, serait d'apprendre au cavalier
à faire toujours partir son cheval au galop sur le
bon pied, et surtout de le familiariser avec le *changement de pied* sans changer d'allure.

Le règlement du 6 décembre 1829 (art. 380) recommande *de toujours faire passer au trot* pour
changer de main au galop. Il y a là évidemment une
omission *volontaire*. Cette omission est une lacune [1]
qui, comme tant d'autres, demanderait à être com-
blée. En effet, il est tout à fait incontestable que,
dans la pratique habituelle de l'équitation militaire,
soit sur un terrain de manœuvre, soit en campagne,
le cavalier se trouve à chaque instant forcé de changer
de direction au galop, sans avoir le loisir de passer
d'abord au trot. Il faut donc qu'il puisse faire
*changer de pied* son cheval, ce qui est évidemment
une difficulté, ou qu'il sache le faire tourner *à faux*
sans le désunir, ce qui est bien plus difficile encore.

L'ordonnance a cru éluder ces deux difficultés en
recommandant de toujours passer au trot avant de
changer de direction, prescription facile à suivre à

---

[1] « J'appris promptement l'ordonnance et je ne tardai pas à y
remarquer quelques erreurs et jusqu'à des lacunes ; je sentis la
nécessité de combler les unes et de faire disparaître les autres. »
(Général DE CHALENDAR, *Observations sur l'ordonnance du 6 décembre* 1829.)

*l'école du cavalier*, mais qui ne peut être observée que là.

Si le cavalier est assez adroit pour donner la bonne *position* à son cheval et le faire repartir *juste* en arrivant dans la nouvelle direction, il le sera certainement aussi pour exécuter un changement de pied, celui-ci n'étant que le résultat d'un changement de *position*; et, si ce n'est que l'effet du hasard qui doit faire repartir le cheval sur le bon pied, ce même effet du hasard l'empêcherait de tomber en tournant à faux, ou lui ferait changer de pied tout seul; la prescription de l'ordonnance est donc non-seulement superflue, mais elle est même très-regrettable, puisqu'elle empêche le cavalier de contracter l'habitude de tourner au galop (même par routine), lorsqu'il est si souvent forcé de le faire dans son existence militaire.

Dans presque toutes les cavaleries étrangères et dans la cavalerie allemande surtout, tous les hommes sont familiarisés avec le changement de pied. Supposer au cavalier français moins de tact et d'intelligence, c'est lui faire une injure bien gratuite : aussi n'insistons-nous pas davantage sur la nécessité d'introduire dans le dressage de nos chevaux de troupe et même dans l'instruction équestre de nos recrues une amélioration réclamée par tous les hommes compétents. Nous insistons d'autant moins que, pour mettre les cavaliers à même d'exécuter un certain nombre des figures prescrites par l'*instruction provisoire sur le travail individuel*, on ne saurait se dispenser d'enseigner d'*avance* le changement de pied; il est donc bien naturel de le faire pratiquer à l'instruction des chevaux et à celle des hommes.

Ainsi qu'il est facile de s'en assurer, le dressage du cheval de troupe (aux sauts d'obstacles près) se fait tout entier dans les deux premières leçons. Il consiste dans des marches au pas et au trot sur la ligne droite et sur le cercle, et dans l'exécution des mouvements détaillés dans les deux premières leçons de l'*école du cavalier à cheval*. Tout ce travail se fait naturellement en bridon.

La troisième leçon du dressage réglementaire a pour objet unique de répéter les deux premières avec la bride.

Enfin la quatrième leçon est une répétition générale, les cavaliers ayant toutes les armes.

## III

Il y aurait une foule d'observations à faire sur la progression adoptée dans la pratique de cette instruction, ainsi que sur l'absence totale de *principes* qui s'y fait remarquer; mais, pour des raisons que nous avons déjà données, elles ne sauraient trouver place ici. Nous terminerons donc cet aperçu du système de dressage prescrit par l'art. VIII en donnant un coup d'œil en passant *aux moyens à employer pour habituer les chevaux à sauter le fossé et la barrière,* et nous nous permettrons quelques observations touchant le paragraphe intitulé : *Chevaux difficiles à dresser*.

Pour les sauts, l'ordonnance recommande avec raison de commencer par le fossé, cet exercice étant plus facile que le saut de la barrière ; mais elle nous indique une singulière manière de familiariser les chevaux avec l'obstacle : elle prescrit *de les faire passer d'abord à côté!* C'est là, ce nous semble, un moyen excellent pour leur indiquer où ils pourront passer dans le cas où ils ne seraient pas disposés à sauter et pour leur donner l'idée de refuser, alors qu'ils ne l'auraient pas eue tout seuls.

Dans tout le système que nous venons de soumettre à un rapide examen, nous avons vainement cherché, nous le répétons, un seul principe, une seule règle basée sur ce qu'enseignent la physiologie et la mécanique animale ; tout y est abandonné au plus ou moins de tact des cavaliers et à l'arbitraire des instructeurs. Il n'est alors pas étonnant que le dressage des *chevaux difficiles*, exceptionnels, trouve également son unique élément dans une inintelligente routine.

Un cheval saute, se cabre, rue, s'accule, s'emporte, se dérobe ; chacun de ces vices est naturellement dû à une cause particulière. Tout le monde

G

sait, et l'ordonnance elle-même est loin de le nier, que, lorsque ce n'est pas le cavalier qui, par sa maladresse, provoque ces défenses, elles sont presque toujours causées par *une répartition anormale des forces de l'animal* occasionnée, tantôt par un défaut de conformation, tantôt par une infirmité acquise ou congéniale; fort peu de chevaux se défendent pour le plaisir de résister. Ne serait-il pas dès lors logique de rechercher d'abord la *cause* d'une résistance, pour agir sur elle, au lieu de s'en prendre uniquement à l'*effet*?

L'art. VIII corrige toutes les conformations, guérit toutes les infirmités au moyen du caveçon et de la chambrière: le cheval se cabre-t-il? mettez-le à la longe; le cheval s'emporte-t-il? mettez-le à la longe; faites-en de même du cheval qui saute, de celui qui rue, qui s'accule ou qui se dérobe. Quelles que soient les causes qui produisent ces défenses, ne vous en inquiétez pas: le caveçon et la chambrière sont deux panacées infaillibles qui mettront tout dans le meilleur état possible. Il arrivera, il est vrai, que le cheval ne renoncera le plus souvent à se défendre que parce qu'il n'aura plus la force de le faire et que son organisation se trouvera gravement compromise; mais n'en ayez nul souci: l'animal ne s'en plaindra jamais, et lorsqu'il ne pourra plus aller, la réforme l'attendra au bout de l'année. Ne fallait-il pas le réduire?...

Ici l'ordonnance s'écarte évidemment des principes de *d'Auvergne*, adoptés par elle et enseignés par MM. *de Bohan*, *de la Balme*, *de Boisdeffre* et quelques autres élèves de l'illustre maître ; car s'il est vrai que ces écuyers militaires se servaient de la longe et du caveçon pour commencer tous leurs chevaux, au moins, une fois au travail en liberté, ne recouraient-ils plus à ces instruments de contrainte qu'à la dernière extrémité. Pour ce qui est de M. *de Boisdeffre*, voici comment il s'exprime sur les défenses du cheval[1] : « La nature ne produit rien de par-« fait, dit-il ; elle laisse ordinairement à son ouvrage « la marque d'indifférence qu'elle a pour les indi-« vidus. C'est par cette raison que *les forces de l'ani-« mal ne se trouvent jamais réparties également* : tou-« jours un des côtés est plus libre, plus aisé que « l'autre, et quelquefois cette différence devient « une cause nécessaire de la défense !... Si on bat « le cheval, on ne fera que provoquer sa colère. Au « lieu de lutter avec lui, *que ce soit par l'intelligence* « *qu'on le domine.* Voilà la manière de se montrer « supérieur. » M. *de Boisdeffre* n'admet qu'excep-tionnellement l'usage de la longe pour les chevaux qui réclameraient des moyens de tenue extraordi-naires. Il y a loin de ces principes aux recomman-dations de l'*ordonnance provisoire*, amplifiées par la

---

[1] *Principes de cavalerie.*

commission de 1825 : « Si quelque cheval montre
« des fantaisies, il faudra sur-le-champ le remettre
« à la longe et l'y tenir jusqu'à ce qu'il soit entière-
« ment corrigé. » A l'école de M. *d'Auvergne,* on ne
*remettait* à la longe que les chevaux qu'il était absolument impossible de maîtriser autrement. C'est
ainsi que nous voudrions qu'on fît encore aujour-
d'hui.

Nous ne parlerons de l'*école de peloton* que pour
faire remarquer que le dressage proprement dit du
cheval n'a plus rien à y gagner. Les chevaux admis
à cette école devant être entièrement soumis à la
volonté de leurs cavaliers, il ne reste plus qu'à les
habituer à la pression du rang et à se séparer les uns
des autres ; c'est donc perdre un temps précieux
que de leur faire exécuter une série interminable
de mouvements uniquement créés pour l'instruction
des hommes.

### 3° — Aperçu d'un système de dressage rationnel.

### I

Après avoir signalé les principales imperfections
du dressage réglementaire, dans l'intention unique
de démontrer son impuissance à répondre aux besoins actuels de la cavalerie, il nous resterait à

développer les moyens que nous offre l'équitation *raisonnée* pour atteindre le but que se propose l'article VIII de l'ordonnance, et dont, faute de moyens suffisants, il demeure fort éloigné ; mais ayant déjà exposé en entier dans notre *Manuel d'équitation* cette méthode basée sur les principes de la nouvelle école et sanctionnée par une longue pratique, nous nous contenterons de la résumer ici succinctement, en tenant compte des perfectionnements que l'expérience nous a permis d'y apporter.

Nous avons dit, dans la *Monographie de l'action équestre*, que deux raisons empêchent le jeune cheval de répondre aux exigences de son cavalier, lorsque celui-ci le monte sans l'avoir soumis à un exercice préparatoire :

1° Le cheval *ne sait pas* obéir : le langage à l'aide duquel le cavalier prétend lui faire comprendre ses volontés lui est tout à fait inconnu ;

2° Le cheval *ne peut pas* obéir : l'harmonie que la nature a établie entre toutes ses forces (*son équilibre naturel*) se trouve momentanément détruite par suite du poids dont l'animal est chargé et des nombreuses contractions occasionnées non-seulement par ce poids, mais encore par les effets des aides auxquels le cheval commence par résister, n'étant pas encore familiarisé avec eux.

L'inflexible logique et la prudence demandant donc de faire disparaître ces deux obstacles à l'obéissance du cheval, avant de mettre le pied à l'étrier.

Puisqu'il n'est possible de parler à l'intelligence de l'animal que par le moyen de certaines *combinaisons* de l'action des aides, commençons par lui apprendre à céder à l'effet isolé de chaque aide; puis, ce premier résultat obtenu, produisons immédiatement *à pied* toutes ces combinaisons. Si le cheval y répond, c'est qu'il nous aura compris, et ce sera un pas immense fait dans son éducation. Ce résultat aura été obtenu en quelques jours. Plus tard, sous le cavalier, si le cheval n'obéit pas à ces mêmes combinaisons et que ce défaut d'obéissance ne tienne pas au manque de tact du cavalier, on pourra être assuré que ce ne sera pas par ignorance qu'il péchera, mais par une cause physique indépendante de sa volonté. Il s'agira dès lors de remonter à cette *cause*, afin de la détruire s'il est possible ou au moins de la pallier autant qu'on pourra. Ce sera une guérison où, contrairement aux prescriptions de l'ordonnance et aux recommandations de quelques auteurs modernes, la longe et la chambrière n'auront que bien rarement à intervenir.

Après avoir indiqué la manière de s'y prendre pour arriver à se faire comprendre du cheval, nous donnerons les moyens de préparer celui-ci à *pouvoir* répondre aux premières exigences du cavalier placé en selle : mais procédons par ordre.

## II

Nous supprimons le dressage préliminaire en *bridon*, non-seulement parce que l'utilité du bridon est fort contestable et que, au pis aller, il peut être remplacé par le filet de la bride, mais surtout parce que, par suite de la pénurie d'hommes dans les escadrons et de plusieurs autres raisons qu'il serait trop long d'énumérer ici, ce dressage est devenu impraticable. Depuis une dizaine d'années on a été obligé d'y renoncer, et on ne s'en est pas trouvé plus mal pour cela ; mais, bien entendu, il a fallu également abandonner le mode d'instruction prescrit par l'article VIII. Il en est résulté qu'il y a aujourd'hui dans l'armée autant de méthodes qu'il y a de capitaines-instructeurs.

Suivant le système que nous allons résumer, le cheval est amené sellé et *bridé* sur le terrain ; le cavalier est muni d'une seule gaule semblable à celles que prescrit le règlement ; les molettes de ses éperons sont provisoirement masquées au moyen d'un chiffon.

Pour s'assurer l'immobilité du cheval et, par suite, l'attention qu'il doit apporter à la leçon qu'il va recevoir, le cavalier le soumet à un exercice élémentaire et préparatoire de *la gaule*, qui exige quelques minutes au plus. Par cet exercice, on se propose d'apprendre à l'animal à se porter franchement en avant au simple attouchement de la gaule sur son poitrail. Cette première preuve de soumission est habilement exploitée dans le courant du dressage[1]. On habitue ensuite le cheval à ranger ses hanches au moindre contact de la gaule en arrière des sangles, à la place où viendront s'appliquer les jambes lorsque le cavalier sera en selle[2].

Le mors de la bride étant un instrument douloureux, une barrière infranchissable contre laquelle viennent s'appuyer toutes les forces du cheval, il est indispensable d'apprendre à celui-ci à céder à toutes les attitudes que le mors pourra prendre dans sa bouche, afin que la douleur qu'il en ressentira *soit toujours proportionnée à sa résistance,* par conséquent nulle toutes les fois qu'il obéira. De là la nécessité de pratiquer quelques flexions de la mâchoire, qui feront faire connaissance au cheval avec tous les effets dont est susceptible le mors de la bride[3].

Enfin on apprend à l'animal à répondre à l'action isolée d'abord, puis collective, des rênes du filet[4].

Ces enseignements préliminaires, qui pourront être facilement donnés au cheval dans la première

---

[1] *Manuel d'Équitation*, p. 71.
[2] *Idem*, p. 76 et 77.
[3] *Idem*, p. 79.
[4] *Idem,* p. 87.

séance, l'auront mis à même de comprendre le cavalier lorsque celui-ci sera placé en selle, et lui
permettront de répondre sans hésitation à ses premières et minimes exigences.

Mais, ainsi que nous l'avons vu, il ne suffit pas
que le cheval comprenne l'action des aides; il faut
encore que l'obéissance lui soit rendue facile, afin
qu'elle puisse toujours se manifester instantanément; en outre, le cavalier doit arriver à *dominer*
les forces de son cheval, et, pour cela, il faut qu'il
sache annuler toutes les résistances.

L'expérience a prouvé que le *ramener* doit être
l'objet de la première et constante préoccupation
du cavalier. Le ramener consiste dans le soutien
de l'encolure et dans la position à peu près verticale
de la tête. Cette attitude n'est pas seulement re-
cherchée parce qu'elle est gracieuse et fait valoir
l'animal, mais surtout parce que c'est celle qui favorise le plus l'action régulière et la puissance du
mors de la bride; de plus, lorsque le cheval peut
s'y maintenir sans la contrainte des aides, c'est une
preuve qu'il y a harmonie dans l'ensemble de ses
forces. Plus il sera bien conformé, plus cette attitude lui sera facile.

La conformation générale du cheval et la forme
particulière de sa tête et de son encolure influant
essentiellement sur son ramener, il est indispensable de prendre note de ses dispositions naturelles,

afin d'en tenir compte dans les exercices auxquels l'animal sera soumis ultérieurement. A cet effet il faut faire monter les jeunes chevaux et les faire marcher dès qu'on leur a donné la première connaissance des aides. L'instructeur procède donc à la *leçon du montoir*, pour mettre ensuite les chevaux en marche et les *classer* suivant la direction naturelle et la conformation de leur tête et de leur encolure. Cette précaution, on le devine, a pour objet de lui permettre de continuer le dressage du cheval *non monté*, sans s'exposer à dépasser le but qu'on doit se proposer lorsqu'on entreprend de dresser de jeunes chevaux de troupe.

Voilà donc, d'un côté, le cheval familiarisé avec l'action des aides et susceptible de comprendre le cavalier, et, d'un autre, l'instructeur fixé sur les propensions de ses chevaux eu égard à leurs attitudes de tête et d'encolure, et leur plus ou moins de facilité à être *ramenés*. Pour arriver à ce résultat, il a fallu deux leçons d'une heure chacune tout au plus.

Il s'agit maintenant de donner au cheval l'adresse nécessaire pour pouvoir produire instantanément les translations de forces réclamées par les mouvements qui pourront lui être demandés, de le confirmer dans l'obéissance aux aides, et de mettre le cavalier à même de dominer son cheval par l'annulation successive de toutes les résistances.

Les nouveaux exercices auxquels l'animal va être

soumis, et pour lesquels ses prédispositions et sa conformation doivent être prises en sérieuse considération, auront tout d'abord pour but et pour résultat d'*assouplir les articulations et de fortifier les muscles*, par un travail gymnastique où le cheval puisera un commencement de force et d'adresse indispensables pour pouvoir se plier plus tard aux volontés de son cavalier.

On pratique ces exercices d'abord à pied, parce qu'il est bien plus facile de les exécuter ainsi, et que, le cheval y étant rompu, son éducation se trouve entièrement ébauchée au moment où on commence à le monter; on évite de cette manière une quantité de résistances, de défenses occasionnées par le manque de tact habituel des cavaliers.

Pour que toutes les articulations cèdent facilement, il faut exercer chacun des muscles qui les font mouvoir : seulement, comme *la souplesse du cheval doit toujours être en rapport avec le genre de service auquel on le destine*, les assouplissements du cheval de troupe se réduisent relativement à fort peu de chose.

L'expérience ayant démontré que les contractions de la mâchoire et de l'encolure et tous les inconvénients qui en résultent ne sont ordinairement que la *conséquence* d'une mauvaise répartition des forces et de la roideur générale de toute la machine animale, avant de procéder à l'assouplissement local de ces parties, on soumet le cheval à une *gymnastique* qui consiste à le faire avancer, reculer, pirouetter et appuyer alternativement, au moyen d'attouchements de la gaule combinés avec des oppositions de rênes.

Ces exercices, qui ne sont, à proprement parler, qu'une répétition du travail *préparatoire*, en produisant une plus grande concentration des forces de l'animal, mais où l'on a grand soin de toujours laisser au cheval la liberté nécessaire pour qu'il puisse modifier *de lui-même* la répartition de son poids en raison de la direction donnée à ses rayons, et de reprendre ainsi son équilibre *naturel* (instinctif) dans les *positions* où on le place; ces exercices, disonsnous, offrent l'avantage immense d'assouplir *proportionnellement* et en même temps toutes les parties de l'animal. Dès lors les assouplissements partiels ne s'appliqueront plus qu'à des régions défectueuses et n'auront plus à vaincre que des résistances *locales*[1].

Cette manière de procéder, on le comprend, réduit considérablement le rôle des flexions de mâchoire et d'encolure. En effet, ces parties, ne se trouvant plus sympathiquement contractées avec le corps de l'animal, n'offrent plus alors qu'une résistance

---

[1] Ce travail d'assouplissement ne se trouve pas encore dans le *Manuel d'Équitation*. Il aura sa place, avec tous les développements dont il est susceptible, dans une nouvelle édition de cet ouvrage. Consulter provisoirement le *Supplément* à la fin du présent *Mémoire*.

facile à vaincre, et c'est à peine si l'on a à s'en occuper d'une manière bien sérieuse.

Toutefois, l'assouplissement général terminé, on
passe, s'il y a lieu, à l'assouplissement partiel. « On
commence par les muscles des mâchoires, parce
qu'ils sont les moteurs de la première articulation
à faire jouer chez le cheval, pour le mettre dans
l'obéissance de l'homme. Ces flexions doivent s'obtenir par des moyens doux et fermes, et toujours en
raison des résistances que le cheval présente, c'est-
à-dire qu'après avoir exercé la pression du mors
au premier degré d'appui, la main du cavalier ne
doit plus présenter qu'une force inerte, qui ne cède
qu'à la flexion et qui résiste en raison de la force que
le cheval emploie. L'animal reconnaît bientôt que
c'est lui qui agit, et il ne persiste pas plus à se
contracter contre les effets du mors qu'il ne. persis-
terait à aller se heurter contre un obstacle qu'il
aurait reconnu impossible à franchir. »

Les flexions proprement dites de la mâchoire [1]
sont les seules vraiment indispensables à tous les
chevaux de troupe; on ne risque jamais d'en trop
faire.

Après les muscles des mâchoires, on passe à ceux
de l'encolure; mais comme il faut laisser à ce levier
toute sa puissance, *on ne pratique que les assouplis-*

---

[1] *Manuel d'Équitation*, p. 82.

*sements qui sont réclamés par la conformation de l'animal*. Si l'instructeur qui a classé ses chevaux par catégories, et qui les retrouvera tous les jours rangés dans le même ordre, sait que tel cheval qui porte au vent, qui a l'encolure renversée ou qui a les jarrets sensibles, a besoin de flexions d'*affaissement* [1], il se rappelle aussi que tel autre qui s'enterre, qui a le garrot bas, les épaules chargées, réclame, au contraire, des flexions d'*élévation* [2]; il sait également que les flexions de *ramener* [3] ne peuvent convenir aux chevaux qui s'encapuchonnent ; que les flexions *latérales* [4] ne devront être pratiquées que sur des encolures roides et massives, etc.

En procédant toujours avec méthode, l'instructeur s'expose d'autant moins à trop assouplir l'encolure de ses chevaux, qu'il aura eu soin de s'assurer plus souvent par lui-même du degré de souplesse obtenu par chaque homme, et qu'il ne perdra jamais de vue que ce sont des chevaux de *troupe* qu'il dresse, besogne pour laquelle *le mieux est souvent l'ennemi du bien*.

Ainsi, dans ce travail d'assouplissement, hormis les flexions de la *mâchoire*, on se contentera de fort peu de chose ; et comme il est indispensable qu'il

---

[1] *Manuel d'Équitation*, p. 80, 85.
[2] *Idem*, p. 87 et 90.
[3] *Idem*, p. 86.
[4] *Idem*, p. 87 et 90.

n'y ait jamais une partie assouplie à l'exclusion d'une
autre, ce qui romprait l'harmonie qui doit constamment exister entre les forces de l'avant et de l'arrière-
main, chaque flexion de la mâchoire et de l'encolure
sera toujours suivie d'un assouplissement des hanches ou du rein, pratiqué au moyen de la gaule, afin
que les exercices qui ont pour but l'assouplissement
de l'avant-main marchent toujours de front avec
ceux qui président à la mobilisation de l'arrière-
main. En alliant ainsi ces différents exercices entre
eux, on arrive promptement, par des combinaisons très-simples d'effets de rênes et d'assoupplisse-
ments de la gaule : 1° à préparer le *ramener*, en
donnant au cheval un point d'appui convenable sur
le mors ; 2° à apprendre au cheval à faire tourner ses
hanches autour de ses épaules, et *vice versá* ; 3° à
marcher sur deux pistes ; enfin, 4° le *véritable* reculer, dont l'influence est si grande sur la marche
ultérieure du dressage ; le tout dans l'équilibre *naturel* du cheval.

Cinq ou six séances d'une heure consacrées à ces
exercices préparatoires auront plus avancé l'instruction du jeune cheval que six mois employés
aux stériles tâtonnements prescrits par l'ordonnance. Dès lors, le cavalier peut monter définitivement sur son cheval, qu'il trouve tout disposé à lui
obéir, comprenant le langage des aides et ayant
déjà acquis assez de souplesse pour que l'obéissance

lui soit devenue aisée dans les premiers exercices auxquels il va être soumis.

Après avoir ainsi préparé le jeune cheval, on pourrait au besoin lui faire exécuter les divers mouments de l'école du cavalier, en suivant la progression prescrite par l'article VIII; on obtiendrait sûrement un résultat bien meilleur et infiniment plus prompt que celui que donne généralement cette progression; toutefois, il laisserait encore beaucoup à désirer : aussi, puisqu'on l'a généralement abandonnée, ne conseillons-nous pas d'y revenir.

Le travail préparatoire étant terminé et le cavalier se trouvant en selle, ce sera le moment de faire bien comprendre à ce dernier, dans un langage approprié à son intelligence et à son degré d'instruction, le rôle essentiel que jouent la *position* et l'*action* dans la conduite du cheval. Toute définition scientifique sera naturellement bannie de cet enseignement, comme un ornement inutile chargeant sans profit la mémoire du cavalier, portant le trouble dans son intelligence et n'aboutissant qu'à faire perdre un temps précieux. Ainsi, on se dispensera soigneusement de parler de *forces*, de *centre de gravité*, d'*équilibre*, d'*instinct*, d'*expression*, de *fléchisseurs*, d'*extenseurs*, etc., etc., de tout ce fatras de mots sonores mais vides de sens pour quiconque manque d'une instruction première suffisante, et qui est du plus mauvais effet dans un enseignement terre à terre

comme le sera toujours et quand même l'instruction militaire. « La première de nos facultés est
« l'*attention*, dit le général *de Brack;* on peut
« y ramener toutes les autres et l'exciter même chez
« les hommes les plus bornés, en ne leur enseignant
« rien qui dépasse leur intelligence. L'étude mili-
« taire est facile lorsque les instructeurs sont
« patients et qu'ils mettent leur méthode d'ensei-
« gnement à la portée successive des diverses con-
« ceptions. »

Après avoir fait bien comprendre au cavalier l'importance de savoir parler au cheval par la *position*
qu'on lui donne et le degré d'*action* qu'on lui communique ou dont on le laisse libre de disposer, on
lui apprend en peu de mots la manière *uniforme* dont
se combinent les aides dans tous les mouvements.
On continue ensuite le dressage ainsi qu'il suit :

On répète d'abord en place les assouplissements
préparés par le travail préliminaire, de manière à
obtenir un commencement de ramener et de légèreté [1]. Ainsi, « après s'être rendu maître de l'encolure au point de donner à la tête toutes les positions
qui lui sont nécessaires pour la continuation du
travail, on passe à l'assouplissement des hanches
en disposant le cheval à la rotation sur les épaules [2],

---

[1] *Manuel d'Équitation*, p. 94 à 98.
[2] *Idem*, p. 101.

et là, comme partout et toujours, on ne demande que la plus simple preuve d'obéissance, et on obtient un pas, puis deux, trois, et ainsi de suite. On procède avec la même circonspection et les mêmes soins pour assouplir les épaules en les faisant tourner autour des hanches [1]; plus tard on termine ces assouplissements de détail en amenant le cheval à reculer, pour opérer sur les muscles du dos et du rein [2]. Tous ces mouvements seront faits dans l'équilibre du cheval placé et léger à la main. » L'exécution de ce travail a été naturellement facilitée par la *gymnatisque* préliminaire.

« Placé et léger à la main, le cheval est en équilibre; alors toutes ses forces sont disposées pour agir sans efforts comme aussi *sans fatigue*. Cette position, cette légèreté, cet équilibre obtenus en place, on les cherche au pas avec les mêmes soins, la même discrétion, la même fermeté. Après l'obtention au pas, on les cherche au trot, puis sur deux pistes [3], et enfin au galop. » Ce travail, entrecoupé d'exercices *individuels* [4], où les cavaliers abandonnés à eux-mêmes et dispersés dans le manége exécutent à volonté ce qu'on leur a fait faire en reprise, met

---

[1] *Manuel d'Équitation,* p. 103.
[2] *Idem,* p. 134.
[3] *Idem,* p. 116.
[4] *Idem,* p. 123.

le cheval, dans un temps relativement très-court, sous l'entière dépendance de son cavalier.

Il reste alors à le familiariser avec les armes, [1] ce qui sera l'affaire dequelques jours, et à le former au travail d'ensemble en l'exerçant à l'école de peloton [2], instruction qui nécessitera une quinzaine de leçons.

Le cheval *dressé* étant devenu un instrument passif de la volonté de son cavalier, il est naturellement superflu, ainsi que nous l'avons déjà fait observer, de suivre la progression de l'école de peloton prescrite par l'ordonnance et de lui faire exécuter une série de mouvements qui n'ont été créés que pour l'instruction des hommes. Après avoir habitué les chevaux à se séparer les uns des autres ; après leur avoir donné l'habitude de la pression du rang en les faisant travailler sur des fronts plus ou moins étendus ; après les avoir exercés aux sauts d'obstacles et familiarisés avec les bruits de guerre, leur instruction nous semble aussi complète que possible. Une progression particulière, que nous donnons en détail dans notre *Manuel*, permet de mener tous ces exercices de front et peut servir de complément au dressage proprement dit.

[1] *Manuel d'Équitation*, p. 187.
[2] *Idem*, p. 192.

7.

## III

Il nous reste encore à parler du dressage des chevaux exceptionnels[1], de ceux qui se défendent d'une manière quelconque contre les aides du cavalier.

Ainsi que nous l'avons dit, nous rejetons de la manière la plus formelle le *travail de la longe*, prescrit par le règlement comme moyen unique de dressage pour les chevaux difficiles ; car en faisant trotter ou galoper indéfiniment le cheval en cercle, on exerce tout au plus ses muscles locomoteurs, on le fatigue au besoin, mais on ne peut arriver à détruire *la cause* des résistances, qui, subsistant toujours, produira éternellement les mêmes effets.

Pour arriver à corriger un cheval de ses défenses, il y a deux opérations essentielles et distinctes à accomplir : il faut *d'abord neutraliser l'effet*, puis *faire disparaître la cause*. En strapassant un cheval à la longe, on peut, il est vrai, parvenir à annuler momentanément les effets de certaines défenses, mais on risque fort de ruiner en même temps la constitution de l'animal ; d'ailleurs on a de grandes chances pour voir la défense se reproduire, une fois la première fatigue passée. Il faut arriver à dominer

---

[1] Pour le dressage des chevaux difficiles, voir le *Manuel d'Équitation*.

les forces du cheval autrement que par la fatigue, et pour cela il faut vaincre une à une ses résistances, pour ainsi dire à son insu et sans que son organisme ait à souffrir en quoi que ce soit des moyens employés.

Le premier devoir d'un instructeur, dès qu'il s'aperçoit d'une résistance, est d'en rechercher le siége ; celui-là se trouve toujours, soit dans l'avant, soit dans l'arrière-main. L'animal contracte ou son encolure ou son rein, quelquefois l'un et l'autre, pour déjouer les efforts du cavalier ; il faut donc commencer par habituer ces deux extrémités à céder instantanément aux deux moteurs destinés à agir sur elles ; ces deux moteurs sont la main et les jambes. Les assouplissements à la cravache seront pour ce travail d'une ressource immense.

Si c'est la mâchoire de l'animal qui se contracte et que ces contractions paraissent *locales,* on assouplit surtout ces parties à l'aide de flexions ; si c'est au contraire par l'arrière-main qu'il résiste, on se sert de la gaule, pour pratiquer des assouplissements du rein, de la croupe, des hanches et des jarrets ; on habitue en outre le cheval à se porter franchement en avant à l'action des éperons. De toute façon, comme c'est par la tête et l'encolure que le cavalier contient et dirige l'impulsion, qu'elles sont sa boussole, son gouvernail, c'est d'abord sur elles qu'il faut s'étudier à détruire les résistances. Le mors

*7

étant devenu « un obstacle infranchissable pour le cheval, et les jambes une puissance impulsive irrésistible, » le cavalier pourra sûrement agir sur lui à l'aide de ces deux moteurs sagement combinés avec le poids du corps, et le dominer momentanément.

Les résistances dominées, la tâche du cavalier, ainsi qu'on l'a dit, est loin d'être achevée, car il n'a encore agi que sur *l'effet*, et c'est *la cause* surtout qu'il faut arriver à détruire. Or cette cause gît toujours dans un défaut d'équilibre, dans une répartition anormale des forces et du poids, ou, pour être plus exact, dans les défectuosités acquises ou naturelles du cheval, car la mauvaise répartition des forces n'est elle-même qu'un effet. Il reste, dès lors, au cavalier à faciliter le jeu de toutes les articulations, pour que les translations de poids puissent se faire aisément. Ce sera par l'assouplissement bien entendu de toutes les parties de l'animal qu'il atteindra ce résultat, et il n'aura plus, pour rétablir son équilibre, qu'à le soumettre à la série d'exercices gradués prescrits par la nouvelle méthode de dressage.

Ainsi, c'est en assouplissant les parties qui servent de points d'appui aux contractions irrégulières qu'on fera disparaître insensiblement les résistances et qu'on arrivera à produire l'équilibre du cheval, surtout lorsqu'on aura modifié la répartition du poids de manière à soulager les parties surchargées.

## IV

Quoique nous n'ayons pu donner ici qu'une analyse succincte de la nouvelle méthode de dressage appliquée aux chevaux de remonte, nous n'avons pas besoin de faire ressortir sa différence essentielle avec les moyens préconisés par l'ancienne école, et en particulier par l'article VIII de l'ordonnance du 6 décembre 1829 [1].

Rien, dans cette méthode, n'est laissé au hasard ; tout est calculé, tout est prévu ; la *routine* en est absolument exclue. Basée sur la gymnastique et surtout sur l'équilibre *naturel*, elle est éminemment

---

[1] De ce que nous rejetons de notre dressage le débourrage préliminaire *en bridon* prescrit par le règlement de cavalerie, il ne faut pas conclure que nous contestons l'utilité du bridon pour l'éducation des chevaux *tout à fait neufs;* telle n'est pas notre pensée. Nous prétendons seulement que le cheval de troupe, dont l'instruction ne doit être commencée qu'à cinq ans révolus, a été suffisamment monté en bridon depuis l'âge de trois ans et demi ou quatre ans, époque de son entrée au dépôt de remonte, pour qu'on puisse, sans inconvénient, lui mettre la bride dès le début de son instruction.

Les inconvénients que certains auteurs attribuent, avec raison, aux flexions de la mâchoire sur les chevaux qui n'ont pas *tout mis*, se rencontrent donc d'autant moins avec notre système, que nous n'admettons pas que les chevaux de troupe soient mis en dressage avant l'âge fixé par le règlement, et que nos *assouplissements au moyen de la gaule* nous permettent en outre de négliger, au besoin, tout à fait les flexions. Cette dernière particularité surtout est un des avantages incontestables de notre système de dressage.

conservatrice du cheval, car « elle exerce les parties faibles, donne plus de souplesse et de ton à certains muscles, répartit différemment les forces, de manière à alléger les parties peu puissantes et à obliger d'autres plus fortes à partager avec les premières le rôle qu'elles leur imposaient tyranniquement. Enfin, elle parvient même à donner au cheval disgracié une position et des aplombs que la nature lui avait refusés. » Tels sont, en résumé, les avantages qu'offre le système raisonné de dressage que nous opposons à la méthode surannée prescrite par les règlements. Ce système est le fruit d'une longue expérience et non le résultat de savantes combinaisons conçues au coin du feu dans le silence du cabinet, ainsi qu'il arrive quelquefois ; c'est pourquoi nous n'hésitons pas à le recommander aux méditations de tous les hommes qui s'occupent sérieusement des perfectionnements que réclame si impérieusement l'arme de la cavalerie.

# IIe PARTIE.

## QUESTIONS CONTROVERSÉES.

> L'erreur est la seule chose qui, en
> vieillissant, n'acquière pas le droit
> d'être respectée.
>                    Is. GEOFFROY-SAINT-HILAIRE.

### 1° Considérations sur les défenses du cheval.

### I

On ne saurait se figurer combien de défenses sont
provoquées par le manque de tact des cavaliers.
Tel cheval impressionnable, d'un excellent caractère d'ailleurs, entre en révolte ouverte contre l'action des aides de tel cavalier, tandis qu'il obéit
sans aucune hésitation aux exigences de tel autre :
c'est que le premier ne sait pas se faire comprendre,
irrite le cheval par la contrainte qu'il lui impose,
tandis que l'autre parle à l'intelligence de sa monture. Et qu'on ne s'y trompe pas : ce n'est qu'en

tenant compte des principes que nous avons expo-
sés qu'on trouve le chemin de cette intelligence.
Les uns (les improvisateurs) les appliquent instinctivement; les autres les observent parce qu'une
expérience éclairée leur en a fait comprendre l'importance; les uns et les autres atteignent leur but;
mais puisque le tact des premiers est inné, puisqu'ils montent à cheval comme certaines gens cal-
culent, font de la musique ou de la poésie, on conçoit que le nombre des écuyers *instinctifs* est bien
petit et que l'immense majorité des cavaliers a besoin de principes solides.

Ce sont surtout les professeurs d'équitation vraiment dignes de ce titre qui ne peuvent plus de nos
jours ignorer les principes fondamentaux de la
science équestre. Le temps où le maître, brillant
exécutant, se contentait de prêcher par l'exemple,
en disant aux élèves : *faites comme moi,* est passé
sans retour. Jadis l'équitation n'était qu'un art,
mais un art honoré s'il en fut; on passait une partie
de sa vie à l'apprendre. La profession d'écuyer
n'était alors à la portée que de bien peu de gens,
mais tout le monde savait monter à cheval. Aujour-
d'hui que tout se raisonne, s'analyse, s'explique,
l'équitation est devenue de plus une science, et une
science des moins faciles, car elle n'a point cessé
d'être un art, et on ne peut la bien comprendre
qu'à la condition d'avoir du tact et de l'expérience;

eh bien! chose étrange, le chiffre des écuyers a augmenté démesurément, tandis que celui des élèves va chaque jour en décroissant! Cette apparente anomalie s'explique par la défaveur et l'abandon où est tombée l'équitation sérieuse, depuis la suppression définitive des académies subventionnées par l'État.

C'est dans le dressage des chevaux difficiles qu'on reconnaît surtout le véritable écuyer, car ce dressage, pour être *intelligent*, réclame une expérience éclairée par le savoir que donne l'étude. Malheureusement l'étude approfondie des lois de la nature est considérée aujourd'hui par les maîtres eux-mêmes comme affaire de pure érudition ; quelques-uns vont jusqu'à la proscrire comme contraire aux progrès de l'art !

Il n'est alors pas étonnant que des cavaliers en renom, des écuyers même, s'obstinent à ne vouloir tenir aucun compte des défectuosités acquises ou naturelles du cheval et haussent dédaigneusement les épaules si on leur parle de gêne, de souffrances, occasionnées sur certaines organisations, par les exigences intempestives des cavaliers.

Quelques-uns d'entre eux, le nombre en est heureusement fort petit, nient jusqu'à l'influence des tares ou des conformations défectueuses sur la facilité des mouvements, attribuant toutes les résistances au mauvais caractère de l'animal. C'est ainsi qu'un professeur sérieux et qui jouit d'une réputation méritée, nous a dit qu'il ne croyait nullement aux prétendues souffrances du cheval; que, lorsque l'animal se plie volontiers à un mouvement à droite par exemple, s'il refuse de l'exécuter à gauche, c'est qu'il y met de la mauvaise volonté! Car, a-t-il ajouté, il n'a aucune raison pour ne pas répondre à l'action régulière des aides à main gauche comme il le fait à main droite.

Vous ne connaissez aucune raison, dites-vous? Nous en soupçonnons, nous, plus d'une; mais avant de les exposer, nous nous permettrons de vous faire une simple question : Ne vous est-il pas souvent arrivé, en essayant un cheval au galop, de le trouver *plus léger* sur un pied que sur l'autre? Pensez-vous que la volonté de l'animal soit pour quelque chose dans cette irrégularité? et croyez-vous que ce sera en le corrigeant, en employant des moyens de rigueur, en le brutalisant, que vous obtiendrez une égale légèreté aux deux mains? Nous ne vous ferons certes pas l'injure de croire que l'idée vous soit jamais venue d'employer de pareils procédés et de rendre le cheval responsable de ses imperfections. Vous avez constaté une certaine gêne dans les mouvements, gêne qui se traduit par un manque de légèreté au galop sur un pied, tandis que l'animal galope très-légèrement sur l'autre; vous êtes homme de tact, de jugement, homme de cheval, en un mot; vous êtes donc con-

vaincu que la volonté de l'animal n'y est absolument pour rien ; car, à moins d'avoir des motifs
particuliers pour vous être désagréable, il ne saurait justifier cette fantaisie de galoper moins légè-
rement à une main qu'à l'autre. Or, puisque vous
constatez un *effet*, vous ne pouvez douter de l'existence d'une *cause*, et, cette cause ne résidant pas
dans l'entêtement du cheval, vous devez nécessairement la chercher ailleurs. Forcé de reconnaître
qu'une raison indépendante du caractère de votre
monture *l'empéche* d'être aussi légère sur un pied que
sur l'autre, pour être logique, vous devez aussi admettre que d'autres causes, que les mêmes peut-
être, agissant avec plus d'intensité ou ayant leur siége
dans d'autres parties , *l'empêchent* aussi de partir
au galop sur tel pied, de tourner plus ou moins
court dans un sens ou dans un autre, de changer
de pied à volonté, de reculer, etc.; c'est-à-dire que,
si vous trouvez un motif pour excuser *un principe*
de résistance, vous ne pouvez vous dispenser de
justifier une résistance plus effective , et, enfin,
d'attribuer parfois une défense à une cause autre
que le mauvais vouloir; car un défaut de légèreté
n'est le plus souvent qu'un principe de résistance,
qui se développe et dégénère en révolte si vos
exigences ne sont pas en harmonie avec les moyens
de l'animal.

## II

Mais entrons plus au cœur de la question. Les écuyers sérieux s'accordent généralement aujourd'hui à attribuer la majeure partie des résistances du cheval à des raisons tout à fait indépendantes de sa volonté ; mais, prenant l'effet pour la cause, ils se contentent de signaler une répartition anormale des forces de l'animal, se souciant peu *de ce qui l'a occasionnée*, et c'est, selon nous, un grand tort. Pour nous, les allures défectueuses, les résistances du cheval, ses défenses, sont autant de formes différentes par lesquelles se manifeste la mauvaise distribution des forces ; mais celle-ci n'est jamais due au hasard : elle est toujours un *effet* dont les *causes* varient à l'infini et doivent être soigneusement recherchées ; car ce n'est qu'en agissant sur ces dernières que vous pouvez espérer détruire les effets. Ainsi, ne vous contentez donc pas de dire : cette défense est le résultat d'une mauvaise répartition des forces ; pour la faire disparaître, il faut modifier cette répartition. Vous seriez dans un cercle vicieux. Dites plutôt : les forces de mon cheval sont mal distribuées, car il se défend ; avant de modifier cette répartition, je vais chercher les causes qui l'ont occasionnée, afin de les combattre s'il est possible, ou tout au moins d'en tenir compte dans mes exigences. Vous serez plus dans le vrai.

Les causes auxquelles est due une distribution irrégulière des forces sont évidemment très-variables; elles peuvent être simples ou très-compliquées. Elles sont simples lorsqu'elles résident dans une mauvaise habitude, dans une conformation défectueuse, dans la faiblesse, la sensibilité ou l'état de souffrance d'un membre ou d'un organe quelconque; elles sont compliquées lorsque plusieurs de ces causes existent à la fois dans le même sujet. Il suffit d'ailleurs de les énumérer pour faire comprendre la difficulté de les découvrir du premier coup d'œil.

Ainsi que nous l'avons dit, quelques écuyers refusent d'attribuer certaines défenses à la gêne et quelquefois à la souffrance produites par les tares, du moment que ces tares ne font pas boiter l'animal quand on le fait trotter ou travailler à la main. Cette opinion, chez des gens qui doivent être habitués à se rendre compte de tout, nous a toujours beaucoup étonné. En effet, ces messieurs, qui constatent l'existence d'exostoses nombreuses, de dilatations capsulaires dans les articulations du cheval, et qui n'ignorent pas que ces mêmes infirmités, lorsqu'elles se présentent chez l'homme, lui occasionnent toujours au moins une grande gêne sinon des douleurs intolérables, ces messieurs veulent que le cheval, si sensible à la douleur, n'en soit nullement affecté! Nous sommes, pour notre compte, convaincu, comme eux, qu'une tare qui ne fait pas boiter le cheval ne lui cause aucune souffrance; car, le cheval est de tous les quadrupèdes le plus impressionnable, et c'est plus généralement l'appréhension d'une douleur qu'une douleur réelle qui le fait boiter. Mais c'est précisément cette appréhension qui provoque les résistances, lorsqu'une articulation affectée d'une tare se trouve plus comprimée, non-seulement par l'addition du poids du cavalier, mais surtout par le résultat de certaines oppositions des aides qui, en changeant les lignes d'aplomb, obligent les membres à se maintenir dans une direction et dans un degré de flexion qui augmentent la gêne de cette articulation. Que le cheval se défende donc parce qu'une tare le fait souffrir ou parce qu'il a peur qu'elle ne le fasse souffrir, il ne se défend pas moins, et nous sommes fondé à attribuer sa résistance à l'existence même de cette tare : le cheval, pour ménager la partie affectée, a modifié instinctivement la répartition de son poids; il s'est soulagé, mais au détriment de son équilibre; beaucoup de mouvements lui sont donc devenus très-pénibles. Si, sans tenir compte de cette gêne, vous voulez le forcer à exécuter quand même ces mouvements qui ont cessé d'être naturels pour lui, il hésite; si vous insistez, il résiste, et enfin se défend. Et voici comment nous comprenons que les tares occasionnent des défenses.


## III


Le cheval, d'un caractère généralement doux et patient, se défend donc bien rarement par méchanceté. Ses défenses, d'abord purement *physiques*, deviennent *morales* lorsqu'elles n'ont pas été combattues à temps et avec intelligence.

Les défenses physiques sont causées, soit par une mauvaise conformation d'où il résulte de la faiblesse, de la gêne et quelquefois de la douleur, soit par certaines infirmités, telles que les tares, une vue défectueuse, etc., soit enfin, par le manque de savoir-faire du cavalier. Cette dernière cause est certainement celle qui engendre le plus de défenses.

Le cavalier qui ne sait pas se faire comprendre de sa monture, qui se sert de ses aides d'une manière maladroite, provoque des défenses physiques, parce qu'il ne place pas l'animal dans les conditions indispensables de pondération et de mouvement qui seules peuvent lui permettre de répondre à ce qu'on lui demande; il en est de même de celui qui ne tient pas compte, dans ses exigences, des défectuosités ou de l'ignorance du cheval.

Les défenses physiques deviennent morales, lors-

8

que le cavalier a négligé de les combattre à temps, ou, se méprenant sur leur cause, s'il s'est servi d'un moyen impuissant à les faire disparaître ou propre à les augmenter. Alors la défense dégénère en manie chez l'animal qui, se sentant plus fort que son cavalier, résiste plus ou moins violemment à l'action des aides toutes les fois qu'il ne se sent pas disposé à obéir.

On peut dire, en thèse générale, qu'un cavalier qui a du tact prévient toutes les défenses physiques, en ne demandant jamais au cheval qu'un travail en rapport avec ses moyens; d'un autre côté, on peut dire aussi qu'un cavalier maladroit provoque des défenses, même chez un animal bien conformé et exempt d'infirmités, car il est incapable d'observer les règles si essentielles de *position*, d'*action* et d'*équilibre*.

Châtier un cheval pour une défense physique, c'est vouloir la faire passer à l'état moral; car, ne péchant que par impuissance ou par ignorance, l'animal se rebutera et entrera en lutte contre les mauvais traitements.

Dans les résistances d'un jeune cheval, on peut observer trois phases bien distinctes : le cheval mal conformé et manquant de confiance dans sa force *hésite* à obéir à la sollicitation des aides; il en est de même du cheval taré ou souffrant, qui redoute la douleur; du cheval peureux, qui est inquiété par un bruit ou par la vue d'un objet qu'il ne connaît pas;

du cheval mal conduit, qui ne comprend pas son cavalier. C'est la première phase. Si le cavalier inexpérimenté ou insouciant ne combat pas instantanément cette *hésitation* par un emploi judicieux de ses moyens de conduite, la résistance du cheval passe à la deuxième phase qui est la *désobéissance* : l'animal n'entreprend encore rien contre la sûreté du cavalier, mais il désobéit et résiste définitivement à l'action de ses aides ; un peu de tact et de savoir-faire permettent encore au cavalier de se tirer d'affaire ; mais s'il manque d'à-propos, s'il irrite le cheval par une contrainte douloureuse ou par un châtiment immérité, l'animal entre en révolte ouverte contre lui : c'est la *défense* (troisième phase). La résistance est alors devenue *morale*, et comme c'est généralement grâce à l'inexpérience et au manque de tact du cavalier, il est rare que ce dernier sorte vainqueur d'une lutte aussi inégale.

Ce sont les défenses morales qui caractérisent la *rétiveté*.

Quelquefois les défenses physiques présentent toutes les apparences de la rétiveté, sans qu'on puisse toutefois en attribuer la faute au cavalier ; mais ces cas sont bien rares. Les jeunes chevaux qui se défendent de but en blanc et cherchent à se débarrasser de leur cavalier quoiqu'il ait pris toutes les précautions recommandées par la prudence, ont généralement pour cause des infirmités acquises ou congéniales qui les font souffrir. Quant aux défenses morales (la rétiveté proprement dite), on ne les rencontre guère chez le jeune cheval monté pour la première fois.

L'*acculement* est le principe de toutes les défenses quel qu'en soit le caractère ; toutefois l'acculement n'est qu'un *effet*. Il est essentiel de s'entendre sur la véritable signification du mot *acculement*. Un cheval est acculé lorsque ses forces se trouvent concentrées et fixées dans une région de la machine animale autre que celle que la nature a assignée à leur *centre*; c'est presque toujours dans l'arrière-main que cette concentration anormale a son siége; toutefois elle peut résider ailleurs. C'est au cavalier d'étudier les propensions du cheval dont il entreprend le dressage, de changer la direction de ses forces et surtout de s'opposer à ce qu'elles ne se fixent dans telle ou telle partie.

Le cavalier s'aperçoit que son cheval est disposé à l'acculement, lorsque l'action de ses jambes ne se traduit pas instantanément par une pression sur la main. On dit alors que le cheval est *derrière la main :* il craint plus la main du cavalier que ses jambes. Ce défaut tend constamment à augmenter, et, pour peu que le cavalier s'y prête, le cheval derrière la main ne tarde pas à se mettre également *derrière les jambes*. Dès lors l'animal cessant d'être contenu entre deux menaces égales de douleur (le mors et les éperons), le cavalier a perdu toute domination sur lui, et, avec les meilleurs instincts d'ailleurs, le cheval passe de l'*hésitation* à la *désobéissance* ; puis, comme il a cessé d'être dominé, si son cavalier a l'imprudence ou la maladresse d'entrer en lutte avec lui sans être doué d'une vigueur exceptionnelle, la *rétiveté* se déclare en fort peu de temps.

Combien de jeunes chevaux dont le dressage a été entrepris par des cavaliers inexpérimentés sont devenus rétifs en peu de jours, ayant pourtant été montés depuis longtemps sans avoir jamais manifesté la moindre mauvaise volonté, et combien peu de cavaliers dont les chevaux ont ainsi spontanément résisté se sont doutés de la véritable cause de ces manques de soumission ! Leurs chevaux s'étaient insensiblement *acculés* et préparaient leurs moyens de défense depuis longtemps ; une circonstance fortuite leur a démontré la possibilité de se soustraire à l'obéissance ; il n'en a pas fallu davantage pour leur donner la conscience de leur force, et, dès lors, ils n'ont plus obéi que dans la limite de leur convenance. Il n'est resté à ces cavaliers que la lutte pour toute ressource, moyen extrême, généralement impuissant et toujours ruineux pour l'organisme du cheval, un nouveau dressage susceptible de détruire l'*acculement*, nécessitant, bien plus impérieusement que jamais, un savoir-faire qui ne s'acquiert que par une longue expérience.

## 2° Observations sur le Ramener.

### I

Le *ramener* ne saurait être une chose conventionnelle. Outre la grâce, la bonne mine que le véritable
ramener donne au cheval et, par suite, au cavalier
lui-même, il a une influence trop grande sur la puissance équestre de ce dernier, et surtout sur la conservation du cheval, pour qu'un écuyer sérieux ne
lui accorde pas toute son attention.

La question du *ramener* a été longtemps contro-
versée. Aujourd'hui encore tous les écuyers ne sont
pas d'accord sur la meilleure position de tête et d'encolure à donner au cheval de selle ; toutefois on peut
dire que presque tous penchent pour la verticalité
de la tête et le soutien de l'encolure, position type
recommandée par le chef de la nouvelle école.

*Ch. Thiroux*, dans son *Traité d'équitation*, dit,
« que le cheval dans la main est celui qui non-
« seulement place sa tête au haut de son encolure
« arquée, de manière à ce que le nez soit perpen-
« diculaire au chemin qu'il fraie, et le milieu
« du chanfrein *parallèle* au garrot [1], mais encore

---

[1] Nous supposons que c'est « *à la hauteur* du garrot » que veut
dire l'auteur.

« qui conserve tant qu'il travaille cette position, *la*
« *seule favorable à l'exécution du cheval et la seule qui*
« *soit le gage de son obéissance.* » Cette opinion du
citoyen *Thiroux* était partagée par tous les écuyers
de son époque, et nous avons tout lieu de croire
que les maîtres de l'*école de Versailles*, (qui n'ont
pas cru devoir nous laisser leurs doctrines par écrit),
avaient à l'endroit du ramener la même manière de
voir.

L'école allemande avait d'ailleurs également ap-
précié les avantages de la verticalité de la tête et du
soutien de l'encolure, car *Hünersdorf* qui a écrit à la
fin du dernier siècle et dont les principes sont encore
journellement recommandés par les écuyers d'outre-
Rhin, insiste tout particulièrement sur la nécessité
de donner au cheval cette belle position. « Il est aisé,
« dit-il à propos du ramener, de se figurer un idéal
« sous ce rapport ; car quel cavalier ne s'est point
« parfois présenté une encolure gracieuse, bien
« sortie du garrot et bien arquée, donnant attache
« à une tête ramenée *sur la verticale*? Ce tableau
« séduisant se trouve généralement répandu et
« presque imprimé dans l'esprit de tous les cava-
« liers; son charme est si puissant qu'il suffit sou-
« vent qu'un cheval en approche plus ou moins
« pour que de médiocres connaisseurs s'en amou-
« rachent et s'aveuglent sur tous les défauts de
« l'animal. »

Et plus loin :

« Tout cavalier de quelque expérience est con-
« vaincu du précieux avantage *d'avoir assuré la tête*
« *du cheval de selle*. Tous les mouvements partant
« de la tête, on ne saurait préciser l'allure et la di-
« rection *ni rester maître de l'animal*, tant qu'elle
« ne se trouve pas dans une bonne position[1]. »

Ainsi le *ramener*, tel que nous l'entendons, n'est
autre que celui de l'ancienne école et qu'une école
*fantaisiste*, née heureusement sans aucune condition de vitalité, a tenté naguère de modifier.

## II

Le tort des anciennes théories est d'avoir presque toujours négligé de donner *le pourquoi* des principes posés ; c'est ce qui fait que quantité d'excel-
lentes choses ont été abandonnées et reprises pour
être abandonnées de nouveau. Si l'on avait su donner de bonnes raisons pour démontrer que la verticalité de la tête est la seule position qui permette
aux effets de la main de se produire et d'agir sur la
machine animale *sans aucune décomposition de forces*,
qu'elle est, jusqu'à un certain point, une preuve

---

[1] *Méthode la plus facile et la plus naturelle pour dresser le
cheval d'officier et d'amateur*, par R. Hünersdorf, écuyer de S. A. R.
le prince de Hesse, traduit de l'allemand par A. de Brockowski.

d'équilibre chez le cheval lorsqu'il conserve cette attitude sans le secours des rênes, au lieu d'en faire une question de mode, de goût de la part du cavalier, toute controverse serait devenue impossible.

Le cheval bien fait se ramène facilement ; cette attitude lui est naturelle ; c'est la preuve de l'harmonie qui existe dans toutes ses forces, harmonie qui a son siége dans la régularité des formes de l'animal. Du reste, le cheval bien fait et vigoureux s'équilibre, pour ainsi dire, tout seul sous le cavalier ; de là la grande facilité avec laquelle il se ramène.

Le *ramener* est donc une conséquence de l'équilibre. Or le dressage a pour but d'équilibrer le cheval quelle que soit sa conformation ; un cheval dressé doit donc être nécessairement ramené, c'est-à-dire, que son encolure sera plus ou moins soutenue (suivant sa conformation), sa tête sera verticale et sa mâchoire inférieure sera mobile.

Ainsi le véritable équilibre amène forcément le ramener. Cette position est donc la conséquence de la répartition régulière et harmonieuse des forces du cheval. A ce point de vue seul il mérite déjà toute l'attention du cavalier ; mais ce n'est pas tout : de son côté, le ramener (au moins la verticalité de la tête) conduit à l'équilibre, car il est prouvé aujourd'hui que de toutes les attitudes de la tête, c'est celle qui favorise le plus les actions de la main du cavalier. En effet, on peut le démontrer mathématique-

ment : qu'on suppose la tête verticale : au moment
où la main agit, la direction de la *puissance* est indiquée par celle des rênes de la bride, et celle de la
*résistance* du cheval, par la direction de l'encolure.
La main du cavalier ne devant jamais opposer aux
résistances que des forces équivalentes, dès que la
puissance sera égale ou équivalente à la résistance,
ces deux directions formeront avec celle de la tête
du cheval un triangle isocèle. La perpendiculaire
abaissée du sommet de ce triangle sur sa base par-
tagera naturellement l'angle formé par les directions
de la puissance et de la résistance en deux parties
égales. Cette bissectrice figurera donc la *résultante* ;
et comme elle est perpendiculaire à la direction de
la tête (qui est verticale), elle est nécessairement *parallèle au sol*, c'est-à-dire, parallèle à la direction
suivie par le centre de gravité. On voit donc que, en
cas de verticalité de la tête, les effets de la main agi-
ront toujours sans aucune décomposition de forces,
dans la direction des hanches du cheval.

A mesure que le cheval lève la tête en portant le
bout du nez en avant, la bissectrice (*résultante* dont
il vient d'être question) s'infléchit de plus en plus
vers la terre ; il arrive un moment où elle passe par
les jarrets du cheval. Il est facile de se rendre
compte des inconvénients d'une pareille position,
surtout si cette attitude se trouve compliquée de
jarrets sensibles ou défectueux.

Enfin, si, au lieu de *porter au vent*, le cheval *en-capuchonne*, la même *résultante* prendra une direction inverse à celle qui la caractérise dans le cas précédent *et ne passera que par la main du cavalier*, laissant au cheval la libre disposition de ses forces, la main de la bride n'agissant plus alors que sur la tête de l'animal.

Cette démonstration que nous empruntons à M. le Vᵗᵉ *de Montigny* [1] nous paraît concluante ; elle prouve d'une manière saisissante l'utilité du *ramener* comme moyen d'arriver à l'équilibre aussi bien que comme moyen d'y maintenir le cheval. Son influence heureuse sur la conservation de ce dernier, en découle tout naturellement.

## III

Comme il est on ne peut plus facile d'obtenir le *ramener* même avant de monter le cheval, il est indispensable de rechercher cette position dès le début du dressage. Cette mise en main ne sera pas encore le véritable ramener une fois que le cavalier sera en selle, car il n'y aura le plus souvent ni soutien de l'encolure ni mobilité de la mâchoire ; mais on se sera mis dans les conditions les plus favorables pour agir constamment sur l'ensemble de toutes les for-

---

[1] *Méthode abrégée de dressage des chevaux difficiles.*

ces du cheval, en donnant aux effets de la main de la bride la plus grande puissance possible et en leur permettant d'agir *directement* et sans aucune décomposition de forces sur le centre de gravité du cheval[1].

D'après M. *Baucher*, c'est dans le *ramener* que réside toute la difficulté du dressage ; c'est aussi notre avis, si tant est qu'il mérite d'être pris en considération ; mais laissons parler l'éminent professeur : nous ne saurions mieux terminer ce chapitre. Tous « les chevaux peuvent se ramener, écrit M. Bau- « cher[2], et dès lors tous sont susceptibles d'édu- « cation ; seulement, pour leur donner la position

---

[1] « Le cavalier qui, pour rallentir l'allure, tire sur les rênes de la « bride, en rapprochant la main du corps, *accule* son cheval. Aussi, « qu'arrive-t-il avec certains chevaux mal conformés ou souffrant « dans leur arrière-main ? Vaincu dans cette lutte inégale entre ses « forces et celles de sa monture, le cavalier inexpérimenté se sent « peu à peu *gagner la main* et se trouve finalement emporté à toute « vitesse. La raison en est toute simple : chacun sait que la direc- « tion la plus favorable à la *puissance* est la perpendiculaire au « bras de levier ; or, en tirant sur les rênes de la bride, *on ouvre* « considérablement l'angle qu'elles font avec les branches du mors « et qui est déjà au moins de 90°. On *amoindrit* donc l'action *locale* « produite par ce mors.

« D'un autre côté, la circulation artérielle se trouve arrêtée dans « la mince couche charnue comprimée entre l'os et un corps bien « plus dur encore, et la disparition de la sensibilité dans cette partie « en est la suite naturelle, la pression, quoique moins forte, étant « *continue.*

« Chacune de ces deux raisons expliquerait à elle seule pourquoi, « dans certains cas, il devient extrêmement imprudent de tirer sur « la bouche du cheval. »          (*Manuel d'Équitation.*)

[2] *Dictionnaire raisonné d'Équitation.*

« normale, base de toute éducation, il faut de l'ap-
« titude et du raisonnement. Mais sans ces deux
« qualités essentielles, y a-t-il rien de possible en
« équitation ?

« Une fois pour toutes, que le cavalier com-
« prenne donc bien *que le cheval ramené est le cheval*
« *léger à la main ou en équilibre; de cette position*
« *dépendent la grâce et la facilité des mouvements.* C'est
« alors que le cheval devient intelligent, puisque
« le cavalier peut lui transmettre avec avantage
« et sûrement l'effet de toutes ses impressions et de
« sa propre intelligence. Le cheval, c'est l'homme
« au physique comme au moral, puisque ses mou-
« vements et sa promptitude de conception dépen-
« dent entièrement du cavalier; mais pour que ce
« principe soit une vérité, il faut que le cheval soit
« dans un état de ramener parfait; une fois cette
« difficulté vaincue, le cavalier surmontera toutes
« les autres comme par enchantement. N'est-ce pas
« avec des translations de poids dans un sens quel-
« conque que l'on obtient sûrement le mouvement
« exigé ? Si le cheval est ramené, par conséquent dans
« la main, il répondra immédiatement à l'effet des
« jambes et des rênes; si, au contraire, il contracte
« l'encolure et la mâchoire, nos forces sont annu-
« lées par ces résistances et les mouvements de-
« viennent incertains, difficiles, souvent même im-
« possibles. Si le cheval est faible ou mal construit,

« le ramener dispose les parties dans un meilleur
« ordre et donne au cheval une célérité et une
« énergie qu'il ne pouvait avoir sans cela. Si le ca-
« valier emploie avec intelligence les moyens né-
« cessaires pour faire prendre au cheval la position
« du ramener, il connaît tous les secrets de l'équi-
« tation; car le tact dont il aura fait usage pour
« l'amener à cet état d'équilibre lui servira dans
« mille occasions pour le diriger. Toutes les diffi-
« cultés se réduisent donc à une seule chose, au
« ramener, qui donne promptement au cavalier le
« sentiment des effets d'accord et au cheval l'en-
« semble nécessaire pour bien exécuter. »

Dans le ramener de M. Baucher, ainsi que nous
l'avons déjà dit, l'encolure du cheval est soutenue,
la tête est verticale et la mâchoire est mobile.

### 3° Utilité des pirouettes et du travail sur les hanches.

### I

Dans notre *Manuel d'équitation*, qui est entièrement basé sur les principes de la nouvelle école, les
pirouettes et le travail sur les hanches jouent un
rôle très-important. Ces exercices, lorsqu'ils sont
bien entendus, sont non-seulement d'une ressource

puissante dans le dressage du cheval, comme moyen d'assouplissement, mais ils sont surtout d'une utilité très-grande dans l'enseignement de l'équitation proprement dite. C'est sous ce double point de vue que nous allons les examiner.

Suivant l'ordonnance de cavalerie, le savoir-faire équestre du cavalier militaire consiste à conduire son cheval sur la ligne droite et sur le cercle, au pas, au trot et au galop ; à lui faire faire *à droite, à gauche* et *demi-tour* en marchant à ces mêmes allures ; à reculer quelques pas ; à appuyer également quelques pas après s'être préalablement arrêté ; enfin, à franchir le fossé et la barrière. Cela n'est assurément pas suffisant, quoi qu'en pensent les partisans de l'équitation *instinctive* : il y manque deux mouvements élémentaires tout à fait indispensables, parce qu'ils sont d'une application incessante à la guerre : le *demi-tour sur les épaules* et le *demi-tour sur les hanches*. Un auteur anglais (nous l'avons déjà cité), le capitaine *Nolan*, qui a fait longtemps la guerre dans les Indes et qui a écrit un ouvrage fort estimé sur la tactique de la cavalerie, insiste tout particulièrement sur la nécessité d'introduire ces demi-tours dans l'équitation militaire. « Nos sol-
« dats, dit-il, n'apprennent jamais à tourner court et
« à faire des demi-pirouettes, ce qui est cependant
« de la plus grande utilité à la guerre. La raison de
« cette *lacune* dans l'instruction est que les avocats

« du vieux système prétendent qu'il faut des années
« pour dresser un cheval àpirouetter et ils ne se dou-
« tent pas qu'au contraire, *avec la nouvelle méthode*
« *peu de leçons seraient nécessaires* pour le rompre à
« des mouvements de cette nature, aussi bien sur les
« jambes de devant que sur les jambes de derrière.

« Un combat à cheval est semblable à une passe
« d'escrime où l'habile tireur présente toujours son
« côté droit (qui est sous le couvert de l'épée) à son
« adversaire et cherche à gagner le côté faible qui
« est le côté gauche. Le tout dépend de l'adresse à
« manier son cheval.

« Comment donc se fait-il que l'équitation, cette
« branche si importante de l'instruction militaire
« *ait donné jusqu'ici de si pauvres résultats?* »

Qu'on n'oublie pas que c'est de la cavalerie *anglaise* que parle l'auteur dans ces dernières lignes, et
qu'il place naturellement cette cavalerie bien au-
dessus de la nôtre.

Le traducteur de l'ouvrage que nous venons de
citer, M. le commandant *Bonneau-Dumartray*, par-
tage entièrement l'avis du capitaine *Nolan* quant à
l'utilité des pirouettes. Voici comment il s'exprime
à ce sujet : « Un colonel de cuirassiers français,
« dans un mémoire sur quelques changements à
« introduire dans l'ordonnance du 6 décembre 1829,
« a proposé les simples demi-tours sur les pieds de
« devant et sur ceux de derrière. Le comité consulté

« a fait rejeter ces propositions, sous prétexte que
« le demi-tour sur le centre de gravité[1], admis par
« le règlement, suffisait à tous les besoins et que les
« pirouettes *pouvaient user prématurément* les che-
« vaux. Le jour où on sera convaincu en France que
« le travail individuel est celui qui importe le plus
« pour le soldat de cavalerie, parce que la plupart
« du temps (l'expérience l'a démontré) les charges
« finissent par des mêlées corps à corps, on regar-
« dera moins à tuer quelques chevaux pour obtenir
« de bons régiments ; on exercera (ce qui malheu-
« reusement ne se fait jamais) les hommes au duel
« à cheval, et on leur fera pratiquer *les demi-tours*
« *sur l'avant et sur l'arrière-main* comme sur le
« centre de gravité. Alors, étant cavaliers plus con-
« sommés, ils n'exécuteront que mieux les charges
« en masse et ils pourront se mesurer avantageuse-
« ment avec le Cosaque, le Polonais, le Circassien
« ou le Hongrois. »

Nous avons absolument la même manière de voir
à ce sujet que M. le commandant *Dumartray*, et nous
avons, en outre, la certitude qu'on n'aurait nullement besoin de fatiguer, encore moins de *tuer* les
chevaux, pour obtenir ces heureux résultats. Nos

---

[1] L'ordonnance prescrivant au cavalier de décrire un arc de cercle
de six pas pour exécuter un demi-tour, il est inexact de dire que ce
mouvement se fait sur le centre de gravité.

grands maîtres d'autrefois faisaient grand cas des demi-tours sur l'avant et sur l'arrière-main. M. *de Laguérinière*, dans son *École de cavalerie*, les recommande comme particulièrement utiles à la guerre : « Les passades et les pirouettes, dit-il, de même que « les voltes et les demi-voltes, sont des manéges de « guerre qui servent à se tourner promptement de « peur de surprise ; à prévenir son ennemi, à éviter « son attaque ou à l'attaquer avec plus de diligence.»

*Gaspard Saunier*, écuyer militaire qui a assisté à maintes batailles rangées et qui, le premier, commença à dégager notre équitation de toutes les superfluités enseignées de son temps, recommandait, lui aussi, ces mouvements. « Plusieurs personnes, « écrit-il, qui ne savent pas que le manége est utile « à la cavalerie disent : qu'ai-je à faire de toutes « ces sortes de manéges (voltes et pirouettes)? je ne « demande autre chose sinon que mon cheval me « serve bien, qu'il marche et qu'il galope de ma- « nière que je sois à mon aise. Mais ces bonnes per- « sonnes *qui n'entendent rien à la cavalerie* ignorent « que, lorsqu'un cheval est bien dressé et qu'il en- « tend bien la main de la bride et les aides, il en « est bien plus commode dans tout ce qu'on peut « exiger de lui. C'est à quoi un cavalier devrait « s'employer. [1] »

---

[1] *L'Art de la Cavalerie.*

Il est facile de s'assurer que tous les écuyers de l'ancienne école, y compris ceux de Versailles, considéraient les tours sur les épaules et sur les hanches comme des exercices tout à fait indispensables aux cavaliers militaires. Comme on en avait singulièrement abusé vers la fin du règne de Louis XV et qu'on les exigeait d'ailleurs par des moyens violents, faux et en opposition avec le jeu naturel de la machine animale, les *de Melfort*, les *Mottin de la Balme*, les *de Bohan*, se méprenant sur la véritable cause des résultats déplorables donnés par les exercices alors en honneur, les proscrivirent de l'équitation militaire.

Aujourd'hui que les progrès de l'équitation ont permis d'obtenir facilement ces mouvements *sans qu'il en résulte aucune fatigue pour le cheval*, à tel point qu'on s'en sert très-avantageusement comme d'un moyen gymnastique de dressage, on comblerait non moins avantageusement, en les adoptant, une lacune déjà fréquemment signalée par les hommes de cheval les plus compétents. On ne continue à les rejeter de l'instruction militaire que parce qu'on leur attribue une difficulté d'exécution tout à fait imaginaire et une influence ruineuse sur l'organisme du cheval, qui cesse d'exister lorsque les moyens employés pour les obtenir sont d'accord avec les lois physiologiques auxquelles est soumise la machine animale.

9.

Il est d'ailleurs essentiel de ne pas confondre ces demi-tours exécutés *de pied ferme,* et pour ainsi dire *pas à pas,* avec les passades et les pirouettes de la haute école, qui sont des airs de manége d'une exécution difficile et fatigante et ne sont pas, en effet, de la compétence de nos cavaliers; ces mouvements sont exclus avec raison de l'équitation militaire. Les pirouettes dont il s'agit ici sont deux exercices aussi simples, aussi élémentaires et pas plus fatigants que le demi-tour en marchant prescrit par les règlements, et qui, outre leur utilité incontestable à la guerre, offrent l'avantage immense de se prêter avec une grande facilité à la démonstration de l'action des aides, parce qu'ils s'exécutent en place, ce qui simplifie singulièrement l'enseignement. *On peut rapporter à ces deux mouvements-types tous les exercices que comporte l'équitation militaire* [1], la réduisant ainsi à sa plus simple expression, et on pourrait les prendre pour base d'une instruction complémentaire de l'ordonnance tout à fait en rapport avec les ressources qu'offrent en général nos régiments de cavalerie et qui faciliterait beaucoup la mise en pratique de l'*ordonnance provisoire sur le travail individuel.*

---

[1] Voir *Combinaisons des aides,* p. 36.

## II

Ce que nous venons de dire des pirouettes se rapporte également *au travail sur les hanches*. Les personnes qui ne voient dans cet exercice qu'une simple parade de manége destinée à faire ressortir le tact et l'adresse du cavalier, celles surtout qui ignorent par quels moyens simples on peut le pratiquer sans aucune fatigue pour le cheval, objectent, avec quelque semblant de raison, que ce travail, du domaine purement académique, est non-seulement inutile au cavalier militaire, mais surtout contraire à la conservation du cheval de troupe. Ce sont là des objections spécieuses faciles à réfuter.

Le travail sur les hanches, exécuté dans une sage mesure et AVEC LES MOYENS ENSEIGNÉS PAR LA NOUVELLE ÉCOLE, est éminemment utile, car il est le seul susceptible de donner *promptement* aux cavaliers l'accord des aides qui leur manque; en outre, loin de fatiguer les chevaux (dernier argument des apôtres des doctrines surannées, lorsqu'ils n'ont pu se refuser à l'évidence des faits), il les préserve d'une foule d'à-coup résultant de la maladresse des cavaliers à se servir de leurs aides et contribuant à abréger la durée de leurs services.

En effet, on reproche avec raison aux mouvements successifs et individuels de l'*école du cavalier* de se

prêter trop facilement à la routine; qu'ils dispensent le cavalier de toute harmonie dans l'emploi de
ses aides, les chevaux obéissant le plus souvent par
imitation; enfin, qu'il est impossible à l'instructeur
de savoir si le cavalier conduit son cheval ou s'il est,
au contraire, conduit par lui, la régularité dans l'ensemble des mouvements étant loin d'être une preuve
convaincante de l'adresse des cavaliers. Les demi-
tours sur les épaules et sur les hanches et le travail
de deux pistes ont au contraire l'avantage immense
de nécessiter l'action *collective* des aides du cavalier et ne favorisent pas, comme les précédents,
*l'usage de la main à l'exclusion de celui des jambes et
de l'assiette;* car il n'y aura de régularité dans l'exécution des mouvements d'ensemble que lorsque les
exigences seront bien entendues, les chevaux ne
pouvant agir par routine; de plus, toute faute com-
mise par un cavalier saute forcément aux yeux de
l'instructeur, qui ne manque jamais de saisir l'oc-
casion de lui faire comprendre *pourquoi* son cheval
n'a pas obéi, lui rappelant à cet effet les principes
qui lui ont été donnés dans le travail de pied ferme.

Enfin, tous les mouvements sur les hanches *exi-
geant toujours la même combinaison des aides* à quelque allure qu'on les exécute, les cavaliers prennent
promptement l'habitude de se servir régulièrement
de leurs mains, de leurs jambes et de leur assiette.
C'est de plus une excellente préparation pour les

*départs au galop*, auxquels, jusqu'à ce jour, faute de moyens suffisants pour en assurer la justesse, on a attaché trop peu d'importance, cause efficiente s'il en fut de la ruine prématurée de nos chevaux de troupe. Car, enfin, « tout choc dans une machine « produit un désordre intérieur, » qui, en fort peu de temps, cause la détérioration des rouages. Qu'on juge donc de l'effet produit sur les ressorts de la machine animale par le galop *désuni* de nos chevaux de troupe qui succède si souvent à un départ faux au premier passage de coin !

Ainsi, sous le rapport de l'enseignement, le travail que nous recommandons est un moyen puissant de forcer le cavalier à se servir de ses jambes et de son assiette aussi bien que de sa main. Sous celui de la conservation du cheval, c'est un exercice précieux lorsqu'on sait l'employer avec discrétion. Voyons maintenant ce qu'en pensaient ceux dont les principes sont encore fréquemment invoqués comme articles de foi par les principaux *maîtres* du jour.

« Il faut rendre les chevaux attentifs à la main et « aux talons, écrit le duc *de Newcastle ; il n'y a que* « *cette seule voie qui les puisse empêcher d'aller par* « *routine.* »

M. *de Laguérinière*, dans son *Ecole de cavalerie*, est absolument du même avis : « Tous ces différents ma- « néges de changements de main, contre-change- « ments de main et renversements d'épaules, dit-il,

« sont faits *pour empêcher les chevaux d'aller par*
« *routine ;* c'est le défaut de ceux qui manient plus
« de mémoire que par la main et les jambes.

« Lorsque l'écolier sera parvenu à faire agir avec
« précision toutes les parties utiles à cette opéra-
« tion (changement de main en tenant une demi-
« hanche), lisons-nous dans le *Traité d'équitation* de
« *Montfaucon de Rogles,* il viendra bientôt à bout des
« plus difficiles; *car il renferme les quatre moyens*
« *principaux par lesquels le cavalier communique sa*
« *volonté au cheval.* En effet, on emploie la rêne de
« dedans pour tourner, de manière que les épaules
« entament le chemin, marchant toujours les pre-
« mières; d'un autre côté, on se sert de la rêne de
« dehors pour empêcher les épaules de tourner en
« dedans et le cheval d'augmenter son train ; enfin,
« on emploie en même temps les deux jambes,
« celle de dedans pour entretenir le cheval dans la
« même allure, le porter en avant et l'asseoir sur
« les hanches, et celle de dehors pour le faire fermer
« sans s'écarter de la piste qu'elles doivent décrire.»

Quant à M. *de Bohan,* dont l'école compte encore
des partisans dans l'armée, il faisait, lui aussi,
grand cas du travail de deux pistes, surtout pour
l'instruction du cheval, ainsi qu'on va le voir :

« Un cheval, dit-il, ne serait ni suffisamment as-
« soupli ni suffisamment obéissant s'il n'était sus-
« ceptible que des mouvements directs et circu-

« laires. » (*Principes pour monter et dresser les*
« *chevaux de guerre.*)

« C'est mal à propos que des préjugés contre l'in-
« struction du manége ont révoqué cette leçon (les
« pas de côté) de l'instruction de la cavalerie, *je la*
« *juge nécessaire et indispensable*, mais je vais l'ex-
« poser d'une manière plus simple, en rejetant les
« termes scientifiques de nos anciens auteurs con-
« servés par nos écuyers modernes » (*idem*).

« Les chevaux doivent encore connaître *les pas de*
« *côté circulaires* exprimés en termes de manége par
« *voltes renversées* ou *hanches en dehors* » (*idem*).

« Données avec intelligence, ces leçons *achèvent*
« *d'assouplir un cheval* et lui donnent une attention
« et une obéissance parfaites dont on s'aperçoit en-
« suite dans la marche directe où le cheval se place
« avec la même facilité » (*idem*).

Nous invoquons particulièrement le jugement du
baron *de Bohan*, parce que ses doctrines équestres
sont généralement considérées comme infaillibles
par les partisans de l'ancienne école. Nous crain-
drions de fatiguer le lecteur en continuant ces cita-
tions, qu'il nous serait facile de multiplier à l'infini.
Nous ferons parler toutefois le *Cours d'équitation* suivi
à l'École de cavalerie, pour prouver que les principes
sur lesquels nous nous appuyons sont officiellement
enseignés dans l'armée, quoique omis dans l'ordonnance du 6 déc. 1829, car on ne saurait nommer

*travail de deux pistes* les quelques pas de côté prescrits à l'*école du cavalier à cheval.* Après avoir consacré plusieurs pages au travail sur les hanches, M. le comte *d'Aure* ajoute : « *C'est le travail le plus simple* « *pour commencer à donner aux élèves une idée de* « *l'accord des mains et des jambes et le moyen le plus* « *naturel et le plus certain pour faire prendre l'allure* « *du galop.* »

Enfin, si l'on consulte l'intéressant ouvrage du capitaine *Nolan*, on peut s'assurer que notre manière de voir à l'endroit d'un travail sur les hanches a des partisans éclairés dans la cavalerie anglaise, que souvent, à tort ou à raison, on présente comme un excellent modèle à suivre sous le rapport de l'équitation : « Il est d'une nécessité majeure, « nous dit « l'auteur de *Histoire et tactique de la cavalerie*, que « le cheval de troupe obéisse facilement à la pres- « sion de la jambe ; autrement il ne pourrait ni ap- « puyer dans le rang lorsqu'il y aurait des ouver- « tures, *ni tourner court ;* mais c'est une grande er- « reur de croire que pour l'obtenir il faille porter les « jambes en arrière jusqu'au grasset. L'habitude de « céder à la pression est un effet de l'éducation, et le « cheval apprendra à se conformer *à tout ce qu'on* « *lui demandera méthodiquement à cet égard*, du moins « au plus. »

Toutefois l'auteur que nous venons de citer se contredit plus loin dans le même chapitre, lorsqu'il se moque de l'équitation continentale qui, pour atteindre le but que lui-même se propose, admet le principe « que mieux un cheval sait marcher sur deux « routes à la fois, plus son éducation est censée par- « faite. » Le traducteur de l'ouvrage du capitaine *Nolan*, dont les nombreux commentaires qui accompagnent ce livre dénotent une entente remarquable de l'arme de la cavalerie, ne manque pas de relever cette erreur. « Le travail au manége, dit-il, a pour « but d'apprendre aux élèves à connaître le méca- « nisme du cheval, les effets qu'on peut produire « avec les aides en agissant sur tel ou tel muscle; « les moyens doivent donc être un peu forcés d'a- « bord. Les écuyers ignorants ou qui ne savent que « la pratique de leur art sans en avoir compris la « philosophie, font faire par routine les mouvements « dont ils ne peuvent expliquer l'utilité. Certaine- « ment le travail des hanches est à peu près inutile « à la guerre, mais il apprend très-bien aux cavaliers « à connaître les effets de la bride et des jambes. Ce « qu'on pratique au manége *pour faire comprendre* « *l'équitation*, on se garde bien de l'appliquer aux « mouvements militaires en troupe , quand les « hommes sont instruits. M. le capitaine *Nolan* prouve « plus loin qu'il connaît très-bien l'équitation aca- « démique ; pourquoi donc alors demande-t-il l'ex- « plication d'exercices d'école faits pour enseigner « l'art et non pour être exécutés à la guerre ? »

Nous ne pensons pas que la nécessité absolue de faire pratiquer le travail de deux pistes aux cavaliers militaires puisse être sérieusement contestée; toutefois nous comprenons que les partisans de l'ancienne équitation, qui n'ont pratiqué ou vu pratiquer cet exercice *que par la routine*, le repoussent comme fatigant pour le cheval. Pour nous, c'est un travail gymnastique qui assouplit et fortifie, parce que la routine en est exclue; c'est, en outre, un excellent moyen de forcer le cavalier à se servir des aides pour apprendre à *dominer* son cheval, domination sans laquelle il n'y a point de cavalier militaire ; toutefois, il est plus particulièrement applicable aux hommes déjà formés par le travail préliminaire des classes, et il doit être soigneusement entrecoupé de marches au trot plus ou moins allongé, pour prévenir l'abus des allures raccourcies, entretenir toujours le cheval dans le mouvement en avant et lui conserver toute l'impulsion dont il est susceptible.

Les *pirouettes* et le *travail sur les hanches*, d'un secours précieux dans le dressage du cheval comme moyens d'assouplissement, n'en renferment pas moins un danger pour le cavalier inexpérimenté ; mais il suffit de l'indiquer pour qu'il soit facile à éviter. Dans ces exercices, le jeune cheval se trouve plus particulièrement resserré dans les aides. Contenu entre deux menaces de douleur (le mors et les

éperons) dont l'une est immédiate et l'autre beaucoup plus éloignée, il est naturellement disposé à
redouter davantage la première que la seconde, et
il peut chercher à s'y soustraire en se mettant insensiblement *derrière la main ;* si le cavalier n'y
porte remède, il peut même arriver qu'il se mette
derrière les jambes, et, dès lors, il a cessé d'être
dominé. Il suffit, pour parer sûrement à cet inconvénient, *de toujours chasser le cheval sur la main,*
pendant l'exécution de ce travail, et surtout, lorsqu'on sent faiblir son appui, d'entremêler ces exercices de marches directes aux allures vives, enfin,
de pratiquer parfois le *pincer des éperons.*

Un travail *gymnastique* fait au moyen de la cravache, et dont il sera question plus loin, dispense le
cavalier d'insister sur les pirouettes et sur le travail
des hanches, et fait, par suite, disparaître du dressage le danger que nous venons de signaler.

### 4° Assouplissement du cheval au moyen de la cravache.

### I

Avant de terminer cette deuxième partie, nous
devons dire quelques mots d'un agent puissant que
nous recommandons d'une manière toute particu-

lière pour le *dressage* du cheval de selle, quelle qu'en soit la destination.

Ainsi que nous l'avons démontré, l'*équilibre naturel* du cheval, indispensable aux mouvements réguliers de la machine et rompu par suite de l'addition du poids du cavalier et par la résistance que l'animal commence par opposer à l'action des aides (qu'il ne comprend pas encore), ne peut se rétablir qu'au moyen de certaines translations de forces ; ces translations, qui nécessitent ordinairement des modifications dans la direction normale des rayons articulaires, doivent toujours se produire instantanément et pour ainsi dire instinctivement de la part de l'animal ; il faut donc, d'une part, que les articulations soient devenues très-souples et, d'une autre, que les muscles aient acquis une puissance contractile en rapport avec les efforts incessants qu'ils ont à produire. Or, il n'y a qu'un travail *gymnastique* qui puisse permettre d'atteindre promptement ce résultat, sans que le cavalier s'expose à fatiguer son cheval et à forcer la nature.

Ce travail pratiqué au moyen de la cravache (ou de la gaule), et que nous avons déjà exposé dans notre *Manuel d'équitation*, possède une propriété particulière lorsqu'il est bien compris : il permet au cavalier, dans le dressage de son cheval, *de ne faire que des flexions de la mâchoire et le dispense, dans la généralité des cas, de pratiquer celles de l'encolure.*

En effet, les causes des contractions de l'encolure ont presque toujours leur siége dans l'arrière-main : l'encolure se trouve alors sympathiquement contractée avec l'ensemble de la machine animale. A mesure que le corps s'assouplit, que l'équilibre s'établit (et ce résultat s'obtient facilement avec la cravache), l'encolure devient liante, et dès lors il ne reste qu'à mobiliser la mâchoire [1]. Cette manière de procéder, que nous avons adoptée depuis longtemps, offre l'avantage immense *de ne jamais donner à l'encolure une souplesse qui ne soit proportionnée à celle de l'arrière-main;* elle est donc l'antipode de celle qui consiste à commencer par assouplir le devant sans s'inquiéter de ce que deviendra le derrière, et qui conserve encore quelques rares partisans.

La nouvelle école d'équitation, de laquelle nous déduisons tous nos principes, pratique les assouplissements au moyen *d'attaques d'éperons* combinées avec des flexions de la mâchoire et de l'encolure, moyen puissant et rationnel, mais malheureusement incompatible avec le manque de tact habituel de la grande majorité des cavaliers militaires.

Lorsque pour la première fois on a tenté d'introduire les nouveaux principes d'équitation dans le dressage de nos chevaux de troupe, on a reculé avec

---

[1] A l'aide du travail de la cravache, un cavalier adroit arrive même à mobiliser la mâchoire.

raison devant une pratique aussi dangereuse; mais, méconnaissant le *principe* de l'assouplissement général de la machine animale comme *seul* moyen d'arriver à l'*équilibre*, on a pensé qu'on pouvait conserver certains assouplissements à l'exclusion de certains autres, et l'on a rejeté alors les attaques pour conserver les flexions de la mâchoire et de l'encolure, comme s'il était possible de rompre impunément l'harmonie que la nature a établie entre les forces de l'avant et de l'arrière-main du cheval! Partant de cette base entièrement fausse, quelques écuyers, pour se maintenir d'accord avec les prescriptions réglementaires dans la cavalerie, ont pensé atteindre le but que se propose la nouvelle méthode en lui empruntant ses flexions de l'avant-main (seules tolérées), pour les allier à toutes les pratiques routinières de la vieille école. Les flexions étant considérées avec raison comme une bonne chose, ils ont pensé que beaucoup de flexions, énormément de flexions, devaient être une *très-*bonne chose, et dès lors chacun a voulu en inventer de nouvelles; il y en a qui en recommandent plus de vingt et qui, sous le prétexte spécieux *que l'arrière-main doit conserver une certaine roideur,* se dispensent de le soumettre au moindre assouplissement. Aussi à quoi mène un dressage aussi irrationnel? A rompre ce qu'on appelle à juste titre *le gouvernail de la machine*; à détruire le rapport in-

time que la nature a établi entre les forces de l'avant
et de l'arrière-main ; à rendre la main du cavalier
aussi inhabile que ses jambes sont impuissantes ;
enfin, à faire rejeter *un principe* vrai, le seul qui
conduise à l'équilibre du cheval, celui de l'assouplissement partiel et général de la machine. Voilà à
quoi ont abouti jusqu'à ce jour les ingénieuses
théories de tous ceux qui ont prétendu corriger la
nouvelle méthode et qui par le fait ne sont parvenus
qu'à prouver qu'ils ne l'ont jamais comprise.

Il est aujourd'hui surabondamment prouvé à tous
les écuyers qui ont sérieusement étudié et qui com-
prennent la philosophie du dressage, qu'il vaut cent
fois mieux laisser le cheval dans ses contractions
naturelles que d'assouplir telle partie à l'exclusion
de telle autre. La nature a mis de l'harmonie dans
tout ce qu'elle a fait ; elle a accordé les forces du
cheval entre elles. Rompre cet accord, c'est détruire
la puissance des ressorts, c'est enlever le point
d'appui aux différents leviers, c'est rendre la machine animale incapable de répondre à l'action des
aides. Assouplir le devant sans faire subir au derrière des exercices corrélatifs, c'est augmenter les
moyens de résistance du cheval en favorisant l'*acculement*, ce principe (généralement incompris) de
toutes les défenses.

L'écuyer qui entreprend le dressage d'un cheval
destiné aux hautes difficultés de l'équitation, pousse

l'assouplissement jusqu'aux dernières limites ; il donne à la mâchoire et à l'encolure tout le liant possible, parce que ses moyens et son tact lui permettent d'obtenir la souplesse proportionnelle et indispensable de l'arrière-main ; mais le cavalier militaire, dont les moyens équestres sont relativement fort limités et qui, en outre, ne se propose de dresser qu'un vulgaire cheval de service, ne saurait impunément dépasser un certain degré d'assouplissement de l'avant-main, non-seulement parce qu'il dépasserait le but, mais encore parce qu'il ne saurait, sans danger de rendre son cheval rétif, entreprendre de donner la même mobilité au derrière. Il y a donc un inconvénient capital à donner une trop grande importance aux flexions, et cet inconvénient se trouve décuplé par la négligence qu'on apporte à l'assouplissement de l'arrière-main.

Assouplissez tout ou n'assouplissez rien; mais si vous assouplissez, faites-le en raison du genre de service auquel vous destinez le cheval dont vous entreprenez l'éducation. Les flexions de l'avant-main sont faciles ; on en fait toujours assez lorsqu'il s'agit d'un cheval de troupe. La mobilisation de l'arrière-main est lente et difficile ; les moyens dont se sert la nouvelle méthode pour la pratiquer ne sont pas à la portée de nos cavaliers. Si vous n'admettez pas qu'on puisse remplacer ces moyens par d'autres d'une pratique plus aisée, supprimez également les flexions, car elles feraient plus de mal que de bien. Mais si vous conservez les flexions, pour être logiques, trouvez un moyen d'arriver à une mobilité relative dans l'arrière-main ; le principe de l'assouplissement général sera observé *quel que soit ce moyen*, et vous arriverez à l'équilibre, but que vous vous êtes nécessairement proposé. On obtient sûrement ce résultat par *un exercice gymnastique et raisonné pratiqué au moyen de la cravache*, permettant de donner avec la plus grande facilité le degré de souplesse générale réclamé par la nature du service particulier auquel nous destinons nos chevaux. En outre, l'expérience nous a démontré que ce travail est particulièrement précieux pour le dressage des chevaux défectueux, dont l'assouplissement général réclame, par tout autre moyen, un temps infiniment plus long. C'est dans ce dernier dressage surtout que l'on reconnaît la grande utilité *de l'assouplissement de l'avant-main par l'arrière-main*, assouplissement dont nous avons parlé dans un chapitre précédent.

Le système expéditif et éminemment conservateur du cheval, dont nous avons donné un aperçu très-succinct dans la Iʳᵉ partie de cet opuscule, et à l'aide duquel nous dressons tous nos chevaux depuis bien des années, a obtenu les suffrages de MM. les généraux et officiers de cavalerie les plus compétents. Mais il n'a pas la prétention d'être une innovation :

10.

c'est une simple *application à l'armée* de la nouvelle méthode d'équitation à laquelle nous avons tout emprunté. Nous serions donc bien fâché qu'on nous rangeât au nombre des inventeurs de systèmes, de recettes, de procédés nouveaux qui, profitant de l'indifférence générale en matière d'équitation et de l'ignorance bien plus générale encore de cette matière, cherchent à exploiter la bonne foi publique.

Ainsi que nous l'avons hautement déclaré dans notre premier essai sur le dressage du cheval de selle, publié il y a quelques années, la méthode est une et indivisible *quant aux principes ;* les moyens seuls de la mettre en pratique peuvent varier. Honneur donc au penseur profond, au travailleur infatigable, à l'écuyer illustre qui a ouvert nos yeux à la lumière, et honte à jamais aux plagiaires dont les efforts intéressés, mais heureusement inhabiles, ne tendent à rien moins qu'à nous replonger dans les ténèbres !

FIN.

# SUPPLÉMENT

# AU MANUEL D'ÉQUITATION

## Publié en 1859.

# SUPPLÉMENT

# AU MANUEL D'ÉQUITATION

PUBLIÉ EN 1859.

---

## Modifications apportées à la progression à suivre pour le dressage des chevaux de troupe.

Les perfectionnements que l'expérience nous a permis d'apporter au système de dressage développé dans notre *Manuel d'équitation* nous ont conduit à modifier la progression ainsi qu'il suit :

Les cavaliers sont dans la tenue prescrite par le *Manuel*, mais ils ont les éperons enveloppés d'un chiffon de toile, pour en masquer les pointes.

Rien n'est changé dans la manière de conduire les chevaux au manége et de les y disposer pour le travail.

TRAVAIL PRÉPARATOIRE. — Au lieu de passer aux flexions de la mâchoire et de l'encolure après avoir *fait marcher le cheval sur la cravache* (p. 74), on complète immédiatement le travail préparatoire par les trois exercices suivants :

*Faire tourner les hanches autour de l'avant-main maintenu en place* (p. 76).

*Faire appuyer à droite et à gauche* (p. 77).

*Faire reculer et avancer alternativement* (p. 76).

Pour ce dernier exercice, il faut toujours commencer par

porter le cheval sur la main par les moyens indiqués pour le faire avancer, intercepter le flux de forces d'arrière en avant par une opposition moelleuse de la main qui se porte *immédiatement* d'avant en arrière, et seconder cette action rétrograde par le contact de la cravache appliquée sur la croupe, afin de faire engager l'arrière-main sous la masse. Dès que le cheval obéit, on le détermine en avant, *sans lui avoir laissé le temps de s'arrêter*. On renouvelle ce mouvement de va et vient jusqu'à ce que l'animal recule franchement sur *un pas en avant* et se porte en avant sans aucune hésitation *sur un pas de reculer*. On arrête fréquemment pour caresser le cheval.

Il est extrêmement important, dans tous ces exercices, de prévenir avec soin *l'acculement,* en obligeant toujours le cheval de venir s'appuyer sur la main. S'il fait un pas en arrière malgré le cavalier, il faut lui faire faire immédiatement deux ou trois pas en avant.

Le cheval cédant à l'action de la cravache, on lui fait connaître l'effet de chaque rêne (de bride et de filet), par quelques demi-flexions où l'on se contente d'un commencement de soumission, sans y chercher encore la légèreté.

L'instructeur ne doit pas perdre de vue que ce ne sont pas encore là des *assouplissements,* mais que ces exercices préliminaires ont simplement pour but de faire connaître au cheval l'action des aides, afin qu'il soit possible de le diriger lorsqu'on le montera pour la première fois.

Il n'est pas indispensable de commencer ce travail par la cravache; toutefois, il vaut mieux procéder ainsi.

Lorsque les chevaux cèdent à l'action isolée de chaque aide et obéissent aux combinaisons qu'il est possible de faire à pied (ce qui est l'affaire d'une séance), il faut les faire monter pendant un instant, en s'adjoignant toutefois des hommes à pied pour les tenir au montoir. On les met ensuite en colonne par deux et on les fait marcher au pas autour du manége (p. 72). On fait ajuster les rênes et on classe les chevaux d'après leurs propensions, comme suit :

1° Chevaux qui ont besoin d'être *affaissés* et *ramenés*.

2° Chevaux qui ont besoin d'être *ramenés*, mais qui ne doivent pas être *affaissés*.

3° Chevaux qui demandent à être *relevés*.

4° Chevaux qui n'ont besoin que de flexions de mâchoire.

L'instructeur inscrit ses chevaux, fait mettre pied à terre, prévient chaque cavalier de la catégorie dont fait partie son cheval et lui indique en même temps la place que sa catégorie devra occuper chaque jour pendant le travail des flexions, afin de faciliter la surveillance.

Il prescrit ensuite la nature des assouplissements à pratiquer dans chacune des quatre catégories :

1ʳᵉ Toutes les flexions y compris celles *d'affaissement ;*

2ᵉ Toutes les flexions excepté celles d'affaissement ;

3ᵉ Flexions de mâchoire et de ramener en soutenant progressivement les poignets (flexions *d'élévation*) ;

4ᵉ Flexions de mâchoire seulement.

Comme le travail des flexions *ne se fera qu'après celui de la cravache*, si celui-ci est *bien fait*, il ne restera guère à faire que des assouplissements *de la mâchoire*, ce qui simplifie considérablement le travail des flexions et réduit de beaucoup le temps à y consacrer. Quelques natures rebelles seules auront besoin d'affaissement. Quant aux flexions latérales, les assouplissements à la cravache permettent généralement de les négliger. On ne les pratique que lorsque, exceptionnellement, un cheval rend moins facilement l'encolure d'un côté que de l'autre.

En somme, toutes les flexions, excepté celles de la mâchoire, se trouvent réduites à fort peu de chose, grâce au travail gymnastique de la cravache.

Dʀᴇssᴀɢᴇ ᴘʀᴏᴘʀᴇᴍᴇɴᴛ ᴅɪᴛ. — L'instructeur, étant fixé sur les dispositions de ses chevaux au ramener, fait recommencer le travail à pied. Il insiste particulièrement sur les exercices de la cravache, qui, cette fois-ci, sont convertis peu à peu en travail gymnastique.

Les cavaliers font alternativement avancer, reculer, pirouetter et appuyer leurs chevaux, en concentrant de plus en plus leurs forces, mais en ayant toujours soin de leur laisser, dans les différentes *positions*, assez de liberté pour qu'ils puissent conserver leur équilibre *naturel* ou le reprendre instinctivement s'il vient à se rompre. Ils relient ces mouvements entre eux. Le *ramener* sur la piste (p. 75) devra être obtenu tout d'abord.

Lorsque les chevaux exécutent régulièrement les pirouettes ou rotations à la cravache, sans sortir de la main, les cavaliers, au lieu de les toucher au flanc, les attaqueront sur la hanche, en ayant soin de combiner ces attouchements avec des oppositions de la main et de les régler sur les foulées du cheval, qui prendra alors peu à peu un trot cadencé. Cet exercice éminemment gymnastique contribuera puissamment à fortifier les jeunes chevaux et à développer leurs moyens.

Dans tout ce travail la cravache n'est employée que comme *aide;* toutefois, dans quelques circonstances rares, elle peut servir à châtier le cheval; mais le cavalier n'y doit recourir qu'à la dernière extrémité et lorsque la mauvaise volonté de l'animal est bien manifeste. Dans ce cas il lui applique un vigoureux coup de cravache au moment où il commet la faute, en restant aussi calme que possible et en continuant d'exiger jusqu'à ce que le cheval ait obéi.

L'assouplissement à la cravache est d'un précieux secours pour mobiliser l'arrière-main des chevaux tarés qui, montés, refusent de ranger les hanches d'un côté ou de l'autre. Dès qu'on s'aperçoit qu'un cheval éprouve une certaine difficulté à engager un jarret sous la masse, on lui applique cet assouplissement jusqu'à ce que la rotation au trot cadencé s'exécute aussi bien d'un côté que de l'autre. On commence et l'on finit chaque séance par quelques minutes consacrées à ce travail, pratiqué, bien entendu, du côté rebelle, et on le fait exécuter parfois de l'autre côté, pour s'assurer des progrès de l'animal.

La position imposée à la tête contribuant à rendre la rotation plus ou moins facile, on commencera par la maintenir directe et un peu affaissée, de manière que l'animal n'ait rien à redouter de la main. A mesure que l'arrière-main se déplacera avec plus de légèreté et que le mouvement se cadencera, le cavalier insistera davantage sur le ramener, et il finira par donner à l'encolure une demi-flexion, de manière que le cheval voie arriver ses hanches. Après avoir tenu les deux rênes de la main gauche, il finira par tenir une rêne dans chaque main, ainsi qu'il est prescrit (p. 78). Ceci est plus difficile et n'est point indispensable.

Lorsque le cavalier fait pivoter son cheval sur l'avant-main, il doit veiller, en faisant ses oppositions de main en conséquence, à ce que l'arrière-main se déplace *seul ;* et lorsqu'il le fait appuyer, il doit éviter que le devant du cheval ne *traîne* le derrière après lui. Ce dernier exercice n'est bien exécuté que lorsque toute la machine animale se meut parallèlement à elle-même, dans son équilibre naturel, par un mouvement simultané de l'avant et de l'arrière-main.

L'instructeur ne saurait trop s'attacher à une bonne exécution du travail de la cravache. Il fait ensuite appliquer les assouplissements de la mâchoire et de l'encolure réclamés par la nature de chaque sujet et ses propensions bien constatées, en insistant sur la mobilisation de la mâchoire.

On allie autant que possible les quatre flexions fondamentales avec les quatre exercices de la cravache, mais on a soin de ne pas perdre de vue *que c'est la mobilité obtenue dans l'arrière-main qui décide du degré de souplesse à donner à l'avant-main et en particulier à la mâchoire et à l'encolure.*

On continue le travail gymnastique, même lorsque les chevaux sont déjà montés, en commençant chaque séance par quelques instants consacrés à cet exercice, et on cesse les flexions et surtout celles de l'encolure *le plus tôt possible.*

Pour la leçon proprement dite du *montoir* et le travail à cheval, on se conforme à la progression prescrite par le *Manuel* et on abandonne les pirouettes ou rotations dès que les chevaux y obéissent régulièrement ; on les entrecoupe de marches directes au pas et au trot (parfois allongé), pour prévenir ou détruire les principes *d'acculement* et pour conserver aux chevaux toute leur franchise dans le mouvement en avant.

Dans le travail sur les hanches, il faut procéder avec progression et se rappeler que ce travail est une conséquence de celui des pirouettes, *que la combinaison des aides y est absolument la même*[1].

Lorsqu'on est arrivé au *reculer* (3e leçon), il faut, dès que le mouvement s'exécute régulièrement, arrêter fréquemment les cavaliers marchant en colonne sur la piste (au pas ou au trot), pour leur faire faire quelques pas en arrière. On les arrête aussi parfois après les avoir fait doubler individuelle-

---

[1] Voir *Équitation militaire*, p. 36.

ment dans la largeur du manége, et on leur fait exécuter le mouvement de reculer, leur recommandant de toujours déterminer leurs chevaux en avant sans leur laisser le temps de s'arrêter, afin de les rendre bien obéissants à ces actions alternatives de la main et des jambes. On peut même quelquefois les faire partir au trot *sur* le mouvement de reculer; mais dans ce cas il faut que les cavaliers aient grand soin de ne pas surprendre leurs chevaux et de les déterminer en avant sans à-coup.

Dans les commencements *il faut beaucoup s'occuper de chaque homme en particulier* et avoir soin de désigner les chevaux en raison des moyens équestres et du degré d'intelligence des cavaliers.

On ne découvrira les *molettes* que successivement et à mesure que chaque cheval supportera patiemment le contact des éperons, et l'on proscrira les molettes trop acérées.

La leçon *individuelle* du galop demande à être donnée avec soin, mais il est inutile d'insister sur les départs *successifs*.

Le *ramener* devant être l'objet de la constante préoccupation du cavalier, il faut autant que possible l'avoir obtenu avant de faire monter le cheval; ne passer au trot que lorsque le cheval reste ramené sans force de pied ferme et au pas; ne prendre le galop que lorsqu'il conserve une bonne position de tête au trot; enfin, ne faire travailler l'animal sur deux pistes que si (dans les allures correspondantes), il est resté dans la main sur la ligne droite et sur le cercle. Il faut aussi se rappeler que le ramener ne consiste pas seulement dans la verticalité de la tête et le soutien de l'encolure, mais aussi dans *la mobilité de la mâchoire*.

Certaines conformations irrégulières ne rendent parfois le ramener possible qu'après une modification préalable apportée dans la répartition générale des forces; on se rapprochera alors, autant qu'on pourra, de la position type; le ramener parfait s'obtiendra à mesure que l'équilibre des forces s'établira.

Pour tout le travail militaire, on se conformera strictement à tout ce que prescrit le *Manuel*, et l'on insistera tout particulièrement sur le mouvement de : *faire quitter le peloton individuellement et par file,* ainsi que sur la progression à suivre pour exécuter les *sauts d'obstacles* et *les feux.*

Pendant toute la durée du dressage *le travail individuel* sera pratiqué le plus souvent possible.

Telles sont, en définitive, les observations que nous a suggérées le dressage des chevaux de troupe, et les modifications que l'expérience nous y a fait apporter. Elles trouveront naturellement leur place dans une nouvelle édition de notre *Manuel d'équitation.*

FIN DU SUPPLÉMENT.

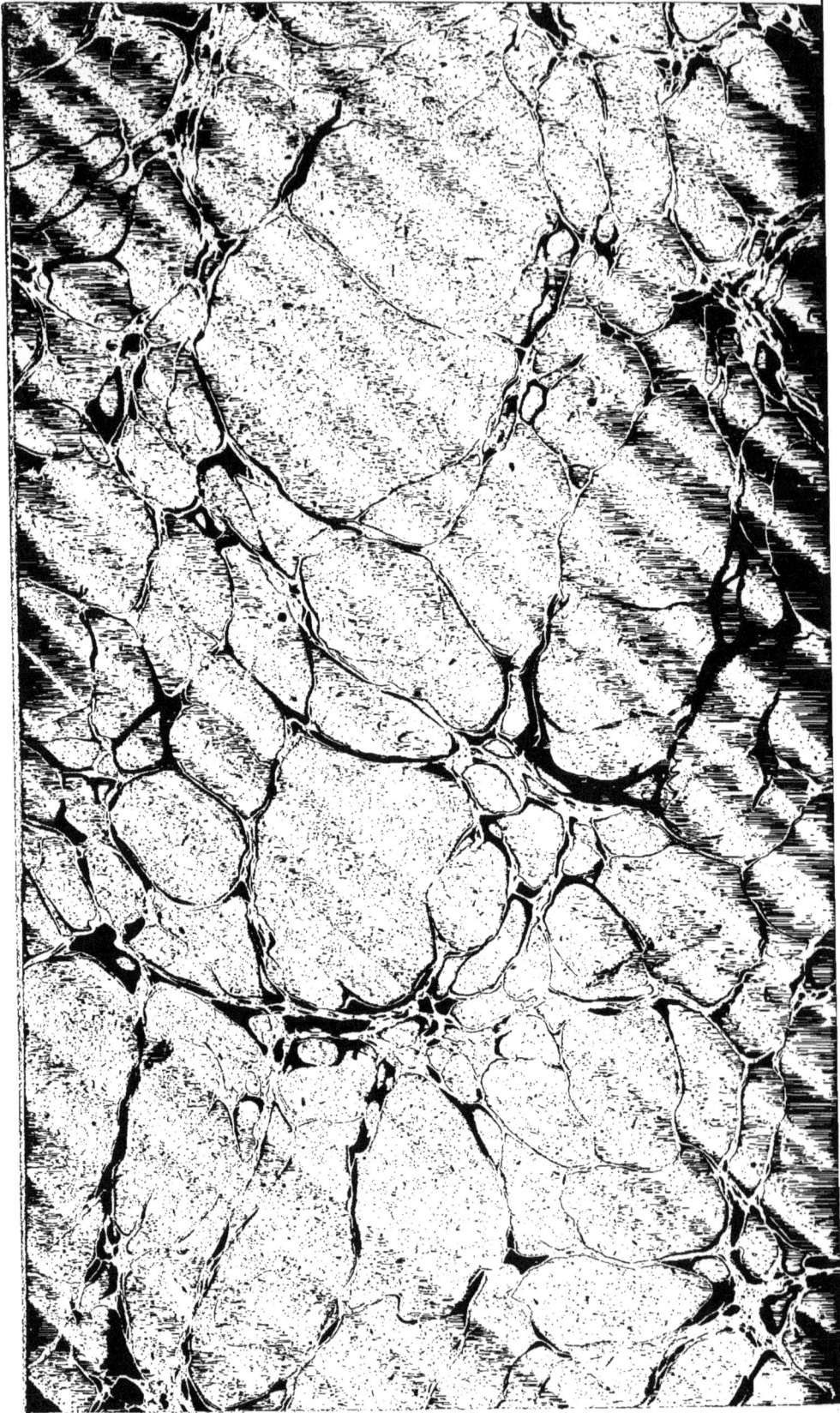